室内软装设计实训手册

王东 唐太鲜 编著

重庆大写艺设计教育

SOFT FURNISHING DESIGN

人民邮电出版社
北京

图书在版编目（CIP）数据

室内软装设计实训手册 / 王东，唐太鲜编著. -- 北京：人民邮电出版社，2019.1
ISBN 978-7-115-49900-4

Ⅰ. ①室… Ⅱ. ①王… ②唐… Ⅲ. ①室内装饰设计－手册 Ⅳ. ①TU238.2-62

中国版本图书馆CIP数据核字(2018)第250529号

内 容 提 要

本书对室内软装设计的相关知识进行了详细的剖析讲解。全书共有 11 个部分，首先介绍软装设计的基础知识，接下来重点介绍软装色彩、软装提案、软装设计风格、软装元素、软装摆场和软装设计全案等内容，最后列举了一些经典软装案例并进行了分析讲解。

本书知识全面，案例丰富，适合各个阶段的室内设计师阅读学习。

◆ 编　著　重庆大写艺设计教育　王　东　唐太鲜
　　责任编辑　王振华
　　责任印制　陈　犇

◆ 人民邮电出版社出版发行　　北京市丰台区成寿寺路 11 号
　　邮编　100164　　电子邮件　315@ptpress.com.cn
　　网址　http://www.ptpress.com.cn
　　天津市豪迈印务有限公司印刷

◆ 开本：787×1092　1/16
　　印张：14.75
　　字数：500 千字　　　　　　　　2019 年 1 月第 1 版
　　印数：1—3 000 册　　　　　2019 年 1 月天津第 1 次印刷

定价：89.00 元

读者服务热线：(010)81055410　印装质量热线：(010)81055316
反盗版热线：(010)81055315
广告经营许可证：京东工商广登字 20170147 号

前言

软装设计是经济与精神发展的产物。

人们对物质的需求总是先从功能开始，然后发展至精神层面。如果将硬装视为室内空间的骨架，那软装就是其灵魂。经济越发达，精神层面的价值就越凸显，甚至远远高出使用功能的价值。如果除去软装与设计，室内空间所剩下的只是一堆装饰材料，所以软装的价值不可估量。从软装行业未来发展的趋势来看，硬装有多大市场，软装就有多大市场。

本书力求以最简单、最直接的方式告诉读者软装设计的方法与思路。试图以"公式"的方式告诉读者软装技巧，但又不局限于"公式"和技巧。这是编者凭借20年从教经历总结出的教学思路的集中体现。先学会，后发展与突破，从模仿开始，最终实现超越。如在软装提案部分，笔者总结了软装设计灵感的十大来源，以期使读者直接进入软装思考的模式，而不是摇摆不定、似是而非。在软装摆场部分仅以一首28字的七言诗就将软装摆场的核心美学与技巧方法概括出来。设计必须能做到将复杂的问题简单化，简单的问题复杂化。将复杂变为简单是概括、提炼，而将简单变得复杂是丰富空间的方法、途径与技巧。

软装从技术层面上讲没有多大难度，但软装设计师需要有开阔的视野与美学修养。软装设计师必须全面地"武装"自己，增加自己对"硬装"的了解、对软装产品的熟悉等，但软装的核心依然是美学修养。同样的空间不同的软装产品，同样的产品不同的色彩和材质，同样的色彩和材质不同的摆放方式与不同的体量，都会呈现出完全不同的效果。本书一直在强调，软装不仅仅是选择软装产品，而且是要将美学思想呈现在软装设计中。

本书第2章由陈雪松、刘清伟执笔，第10章由李漫琳执笔。

为本书提供设计作品的个人与单位：张晓（国内知名软装设计师）、罗玉洪（重庆汉邦设计工程有限公司创始人、设计总监）、张清平（天坊室内设计公司设计师）、陈婧（软装设计师）、张霖、杨然，重庆瑞邦设计公司、重庆海龙装饰设计有限公司、重庆山点水设计事务所、QWD青韦国际设计机构。

欢迎读者关注微信公众号——软装学院（interior-design），搜寻更多软装与色彩搭配的资讯。本书正文所述的PPT文件已作为学习资料提供下载，扫描右侧二维码即可获得文件下载方式。如果大家在阅读或使用过程中遇到任何与本书相关的技术问题或者需要什么帮助，请发邮件至 szys@ptpress.com.cn，我们会尽力为大家解答。

大写艺设计教育机构创始人　王东

2017 年 7 月于重庆

目录

10 软装设计全案 ···································203

11 软装案例分析 ···································223

01 认识软装设计

软装设计是由陈设艺术设计演变而成的一种全新的室内环境空间艺术，集空间美学、设计美学、生活美学和精神文化于一体。软装设计的学习分3个阶段，也就是软装的3个层面，即美学（视觉层面）、功能（将生活与美学相结合）与文化（将室内空间与精神文化相结合，通过陈设对精神文化进行物象化）。

1.1 软装设计概述

"轻装修，重装饰"的提出已有多年，并成为发展趋势。当今人们对居住环境除了有功能层面的需求外，还提出了更多精神层面的需求，而软装恰好能使人们的精神需求得到满足。图 1-1 所示为广州共生形态工程设计有限公司设计师彭征设计的生态竹别墅客房，其硬装部分相当简单，通过对竹、木材料的运用，营造出一种自然的氛围，与室外优美的景观高度融合。近阳台两侧用对称的手法打造出兼具收纳与展示功能的陈列区，床尾简约的插花则使得清雅禅意扑面而来。

图 1-1 广州共生形态工程设计有限公司彭征作品

1.1.1 软装的概念

"软"可以从两个层面来理解，第一个层面是指可移动的、便于更换的装饰物品（如窗帘、沙发、壁挂、地毯、床上用品、灯具、玻璃制品及家具等陈设品）；第二个层面是指精神层面，是形而上的，即通过软装搭配表现主人的生活情趣及审美追求。

软装一般可以概括为除了家居中固定的、不能移动的装饰（如地板、顶棚、墙面、门窗及建筑造型等）之外的物品。软装主要是依据居室空间的大小、风格及业主的生活习惯等，通过对饰品、家具等的选择和陈设，凸显空间格局的个性品位，呈现丰富统一的视觉盛宴。相对于基础装修的一次性特点，软装可更新、替换不同的元素，如不同季节可以更换不同色系不同风格的窗帘、沙发套、床罩、挂毯、挂画和绿植等。

1.1.2 软装设计师的使命

软装设计风格多样，没有程式化的公式。虽然本书将对软装设计风格、方式做较大篇幅的讲解，但目的并不是让其成为约束读者的固化条款。任何一门学科的学习，都是一个由模仿到创造的过程。本书所讲解的方法和技巧，都是优秀软装设计者的经验及软装工作者的研究成果，因而读者在学习的过程中更应多加思考，使之融入自己的想法当中。希望本书能予以读者启迪，帮助读者做出审美判断。

人是自然的产物，美亦是自然的产物，发现美并不难，而创造美则不是每一个人都能做到的，首先必须去学习、掌握美学的规律，然后才能谈得上创造。就如认识 "1、2、3、4、5、6、7" 七个音符很简单，而能作出优美的曲调却是另外一回事；认识 "红、橙、黄、绿、青、蓝、紫" 七色也很简单，而能否运用其创造出美丽的色彩空间也是另外一回事。所以做设计需要感觉，但又不能全靠感觉，没有扎实的美学功底，感觉只会飘在空中，难以在具体的软装方案中落地。

软装设计承载着一个人对家的梦想。大多数没有经过专业训练的人，对这种梦想都只有一个抽象的概念，如温馨、浪漫、唯美等。软装设计师需要将这些抽象的概念符号化、具体化,然后运用美学的规律进行搭配组合,创造出完美的生活空间。

1.2 软装的历史与发展

1.2.1 软装的历史

可以说,软装的历史伴随着整个人类文明史的发展。人类早在穴居时代就会用壁画作装饰了,如图 1-2 所示。虽然当时的人可能并非纯粹为软装而创作壁画,但那些壁画在精神层面确实丰富着人们的生活与生产(狩猎)活动,且已经达到了软装的实际效果。从古埃及神庙中的象形文字石刻,到中国木结构建筑的雕梁画栋,再到欧洲 18 世纪流行的贴镜、嵌金、镶贝等,人们的视觉要求随着社会的发展而发展。

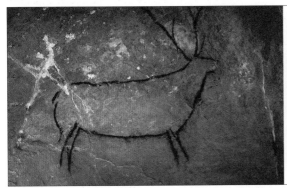

图 1-2 壁画装饰

随着历史进程的推进,生产和生活工具美化生活、装点居住环境的功能逐渐占据主要地位。软装在人类的发展过程中经过不断的完善,逐步形成了相对独立的体系。

在人类漫长的历史长河中,东西方软装艺术既相互融合又自成体系,其丰富的内容、多样的形式为世界留下了令人惊叹的、无比珍贵的精神财富。东方以中国为代表主要经历了秦汉、唐、宋、明、清几个阶段,西方以欧洲为代表主要经历了罗马、中世纪、文艺复兴、巴洛克、洛可可和新古典等阶段。但无论哪一地域,每个阶段都为人类留下了灿烂的艺术瑰宝,具体内容将在软装设计风格、软装元素等章节详细讲解。

1.2.2 软装的发展

1 发展迅猛

软装设计的需求正在日益高涨,其市场份额也在逐步扩大。《2014 年中国建材家居产业发展报告》显示,2014 年中国建材家居产业市场规模达到 4 万亿元,实际上家居产业链中软装产品的消费额度已经占据主导地位。

2 缺乏专业的软装设计师

由于特殊的历史原因,我国软装行业虽起步较晚,但发展异常迅猛。现在各大艺术院校尚未注重对软装设计专业人才的培养,因而专业的软装设计师人才非常缺乏。目前软装行业巨大的市场份额与专业软装设计师较小的比例严重失衡,以致实际装修时大都由硬装设计师带领业主选购软装配饰。

3 收费设计成趋势

目前软装设计大多是免费设计,主要是通过产品差价来保障软装设计师的收入。但随着该行业的发展,软硬分离是必然趋势。硬装设计在近20年的发展中也经历了同样的过程,早期的室内空间大多是免费设计。但一些有着个性化需求的室内空间,对整体空间效果、细节都有更高的要求。

近年来独立的室内设计事务所、优秀的室内设计师提供收费设计已是常态,也必将成为大的趋势。图1-3所示为重庆汉邦设计公司罗玉洪先生设计的乐湾国际别墅项目,其设计费就高达6位数。

图1-3 重庆汉邦设计罗玉洪作品

4 可持续发展

可持续发展自20世纪80年代被提出以来,早已深入人心,成为全人类的共识。如何既能满足当代人的需求,又不致危害后代的发展,成为每个领域都应思考的课题。

如何将软装与可持续发展这个大课题联系在一起呢？

首先，可持续发展是个时代大背景，任何一个行业都与其息息相关。人类的生活主要由衣食住行组成，而居住是其中需要优先考虑与安排的。相关数据显示，2014 年建筑业和装修业 GDP 的总和超过总 GDP 的 10%，可见建筑、装修与相关产业对环境的影响是不可估量的。

其次，与硬装相比，软装显得更为"低碳"环保。软装产品可以反复利用，使用周期更长，而硬装因为过时、陈旧、自然损坏等进行二次装修的概率要大很多。装修产生的建筑垃圾需要相当长的时间才能够降解，有的甚至需要上百年。

图 1-4 所示为高文安先生的住宅，从中可以感受到一种令人向往的自然原始氛围。建筑的墙面、顶面几乎没有用任何一种常规的装修手段来进行造型，整个空间以软装元素为主导。天棚采用高文安先生从意大利淘回来的天花，采用错位等手法重新拼接而成。另外，挂画、陈设也多是从世界各地购买的。整个空间中古董级别的物件比比皆是，皮沙发据说用了几十年，餐椅是家族的传家宝，餐厅与客厅的隔断展示了一件装裱起来的朝服。空间中处处可见原木装饰，自然气息扑面而来。

这种重复利用、以旧呈新的设计思想正是可持续发展设计的体现。

图 1-4 高文安住宅

1.3 软装的作用

软装设计是对生活方式的一种体现，所以做软装设计必须关注不同的生活方式。

软装设计分为功能性的软装设计与展示性的软装设计。功能性的空间包括住宅、会所、酒店、售楼部、茶楼等。这类经营性的软装设计对销售起着非常重要的作用，可通过提供优美的环境留住客户、促进销售。而展示性的软装设计则主要包括样板房、橱窗、卖场等。

在好的软装陈设的"包围"下，硬装的作用会被大大弱化。室内空间的6个界面在很大程度上只是作为背景存在，软装元素才是主角，这些元素通过组合而产生精神与美学共鸣。图1-5所示为"Loft风格"的软装设计，Mott32餐厅位于我国香港中环渣打银行地下室，建筑面积为697m²，由专业从事豪华酒店和住宅设计的Joyce Wang设计。6个界面几乎是水泥原墙，天棚的消防、电路及水路设施都完全暴露在外，独特的家具和装饰品则展现出香港这座繁华大都市的历史厚重感，这就是软装色彩在室内空间中起主导作用所呈现的魅力。

图1-5 Joyce Wang 作品

1.3.1 强调室内空间

室内空间分为实体空间与虚拟空间。老子在两千多年前便对实体空间有过一段经典的阐述："凿户牖以为室，当其无，有室之用，故有之以为利，无之以为用。"虚拟空间则主要是通过软装手段围合出一个心理上的空间，给人更多的是一种领域感。

图1-6所示即为通过家具及灯光划分出就餐与品茶两个不同的区域。深棕色的地板在大理石瓷砖上的分割带将休闲区和茶室连接起来，营造出浪漫的氛围。虽然视觉上完全通透，但空间感却很强，这就是软装的魅力所在。

图1-6 西溪健康体验馆（主创设计师：付光永）

1.3.2 调节室内空间色彩

室内设计的核心是软装，软装的核心是色彩，合理、和谐的色彩关系是空间美学的关键要素之一。如果说硬装决定了色彩的基调，那软装就是在此基础上的进一步丰富，它能使室内空间焕发出迷人的色彩，如图1-7所示。

图1-7 重庆汉邦设计罗玉洪作品

1.3.3 柔化室内空间

现代建筑空间与装饰材料中往往会大量用到金属、玻璃、抛光石材等发光材质，使整个室内空间显得冰冷而缺乏生气，同时也产生了大量的光污染。通过选择与空间风格相适应的织物进行装饰，如地毯、窗帘、布幔及适用于室内的盆栽，可以使空间变得柔软而舒适，如图1-8所示。

图1-8 重庆汉邦设计罗玉洪作品

1.3.4 强化室内空间风格

硬装只是为室内空间的风格作铺垫，更多的是需要通过合理的搭配使空间风格得以强化。在软装设计中，对家具、装饰品、织物等的选择必须与硬装的风格相适应，才能使整个室内空间在风格上趋于一致，从而更具有品位。软装中的家具与灯具使新中式风格得以强化，如图1-9所示。

图1-9 新中式风格软装

图 1-10 所示的整个空间以黑白灰等低纯度色彩为主，其中大面积的家具、窗帘、地面等都是低纯度色彩，只有中式椅子的椅面及沙发的布艺选用了纯度略高的蓝色。当然过度统一会使空间变得单调而缺乏生机，需要适当地调节色彩的变化。色彩的变化建议以明度的变化为主，通过对明暗不同的同类色进行组合，使室内空间既统一又富于变化。

图 1-10 嘉德庄园（山点水设计事务所作品）

1.4 软装配饰设计的美学原则

美学是具有共性的，视觉艺术（如平面设计、室内设计、景观设计、陈设艺术设计等）、听觉艺术（如音乐）及其他门类的艺术就具有共通性。如视觉艺术中色彩的和谐统一与听觉艺术中和声的协调一致，在美学的核心方面是完全一致的。只有了解并掌握设计中的美学原则，才能够创造出美的视觉体验。

1.4.1 "五觉"体验美学设计

软装能给人以多维的体验，即人的多种感官同时获取信息。这样的美学体验更立体，更容易让人产生共鸣。人获取信息的渠道包括视觉、听觉、触觉、嗅觉及味觉，好的软装设计可以使人获得更好的"五觉"体验。

好的室内空间照明除了能给人带来更好的视觉体验外，还能更好地体现空间的色彩与层次。图 1-11 所示的美式书房，书架中间圆形的造型与窗户进行了一体化设计，将自然光线引入室内。白色的墙面和书柜与浅咖色的家具层次分明，挂画、花品与家具采用同一色系，使色彩在整个空间得到延展、循环和呼应，勾勒出一种简洁的大气。

图 1-11 美式书房

软装不是单纯的艺术品，是为生活服务的。它存在的价值是使人舒服。质感好的软装元素在视觉上给人以愉悦感，在触觉上也能给人以舒适感。图 1-12 所示的皮质沙发，既能很好地体现美式风格，又能为使用者提供方便与舒适。

图 1-12 凸显美式风格的皮质沙发

好的茶席能给人带来美的享受，体现出主人独特的品位与不凡的生活情趣。从茶器的选用到茶席的摆放，无论是简约潇洒还是隆重华丽的情调，都能丰富现代人味觉之外的精神情趣。茶席的茶器、背景音乐、照明灯光等的选择都十分考究，使人从视觉、听觉、味觉和嗅觉上都获得无上的享受，如图1-13所示。

图1-13 重庆进化美业张白鸽、杨滨僮作品

1.4.2 色彩的统一与对比

1 色彩统一

所谓色彩统一，即要求整个室内空间的色彩大体一致，或者说必须采用相近的色彩形成一种色调关系。二八定律在色彩美学中同样适用，即在处理色彩搭配时，尽可能让80%的色彩为同类色。图1-14所示的整个空间以米黄色为主色调，家具采用深咖色，床旗及床头装饰也采用不同明度的同类色，只有花艺与抱枕采用冷色作对比搭配，显得统一而和谐。

图1-14 青韦软装公司作品

2 色彩对比

统一与对比是美学的总法则。在统一与对比的关系中，统一是大前提，对比则要在统一的基础上进行。无论是色彩对比、风格对比还是形态对比，都必须在统一的前提下进行。统一和谐会给人带来美的享受，杂乱无序会使处在这个空间中的人感到不舒服。

使用对比色时要注意，对比色在空间所占的面积一定是少量的，即起着点缀的作用，同时对比色的纯度要比较低，或与整个空间的主要色彩倾向一致。图1-15所示的左图在色彩上大胆采用红、黄、蓝等高"烈度"对比的色彩，但这些色彩在整个空间所占的面积小，与墙面、窗帘等大面积的米色系共同营造出和谐的氛围；右图的墙面用红色与绿色直接作对比，其用色可谓相当大胆，但因为两个颜色都降低了纯度（彩度），因此在空间中也取得了统一。

图1-15 重庆汉邦设计公司作品

色彩对比包括明度对比、纯度对比与色相对比，且三者往往是同时出现的。其中以明度对比为主，因为在视觉艺术中明度对比是最强烈的，只有使空间呈现出黑、白、灰的层次，才能使人心旷神怡。图 1-16 所示的右图是左图的黑白效果，可以让人清楚地看到不同界面及软装产品之间的黑白灰（明暗）关系。如果将一张只有纯度对比而没有明度对比的照片变成黑白照片，画面看起来就会是灰蒙蒙的一片而没有层次感。

图 1-16 四川世森祥格建筑装饰设计工程有限公司作品

1.4.3 风格的统一与对比

1 风格统一

在人类发展的历史中，不同民族、不同地域和不同时期产生了不同的风格，而每种风格都有其相应的陈设艺术品。虽然我们身处现代社会，但在设计软装配饰时，应考虑到其所属风格的时代特征，尽可能做到"感觉"上的统一协调，如图 1-17 所示。

图 1-17 重庆汉邦设计公司作品

2 风格对比

运用风格对比，能使空间呈现出丰富的视觉效果。现在比较流行在同一室内空间中组合使用不同风格的装饰，即混搭如图 1-18 所示。

混搭并不是简单地把各种风格的元素放在一起，而是对它们进行有主次的组合。混搭得是否成功，关键要看是否和谐。混搭风格的设计必须把握以下两点基本原则。

★ 最简单的方法是在确定家具的主风格后，用不同风格（次要风格）的配饰、家纺等来搭配。注意次要风格始终处于从属地位。

★ 不同风格的元素之间一定要能找到共同点，营造的氛围或是色彩要一致。

图 1-18 青韦软装公司作品

1.4.4 形态材质的统一与对比

1 形态材质统一

在进行软装设计时，除了要注意风格与色彩的统一外，还要注意形态的统一。形态统一的元素具有共同的"性格"，更容易使整个空间和谐美观。图 1-19 所示的室内空间中的布艺、原木家具、木地板以及造型别致而光线柔和的台灯，共同营造出恬静的生活空间。

2 形态材质对比

室内空间中无论是硬装还是软装，往往都会运用不同形态的材质去打造，如木材、陶瓷、玻璃、不锈钢、铝材、石材、墙纸及布料等。通过不同形态材质的对比，各种材质的特性会更加突出。图 1-20 所示的青砖、木材与玻璃的对比，使充满自然风格的空间中隐隐透出一股轻奢气息。

图 1-19 重庆进化美业张白鸽、杨滨僮作品

图 1-20 重庆汉邦设计公司作品

1.5 软装与硬装的关系

任何一个设计都不是凭空而来的，因为设计追求的是一种人与物、物与物之间的共鸣、和谐关系，只有能让人产生共鸣的、给人以和谐感的设计才是赏心悦目的。如今软装虽然已经发展为一个相对独立的体系，但在设计中绝不能与硬装割裂开来，即一定要建立在硬装的基础上。

1.5.1 软装与环境的关系

这里的环境是一个综合性概念，它和空间（准备进行软装设计的室内空间）与建筑物、空间与景观、空间与人的需求都有密切的关系。在软装设计中，首先要做的不是去找一种风格向客户推销，而是去理清软装元素与环境之间有什么样的共生关系。如果当下为冬天，那么可以在设计中加入一些温暖的元素；如果室外景色秀丽，则可以软装的方式将其引入室内。图 1-21 所示的左图将室外绿植引入室内，加上自然的石材墙面，营造出令人惬意的室内空间，沙发上的红色抱枕就像"冷静"的室内空间中的一抹阳光；右图顶部的花形灯饰与桌面上的花艺相映成趣，使室内空间充满生机，给人带来一场视觉盛宴。

图 1-21 天坊室内设计公司张清平作品

前文说过，软装是在硬装的基础上进行的，所以在软装前必须对硬装的风格、色彩、材质、功能及动线（人在空间流动的主要线路）进行详细的分析。

1.5.2 改善与完善硬装设计

硬装装修得再完美，也只是 6 个界面的围合，软装才是确定整个空间所传递"情感"的决定性因素。

一般来说，硬装与软装设计于同一时间开始的情况很少。因为软装与硬装介入的时间点不同，软装设计师往往是在硬装完成后才着手软装设计工作，以免因设计思路不同而出现问题。这些问题就需要软装设计师进行协调与解决。

　　图 1-22 所示为重庆瑞邦设计公司为某咖啡厅提供的软装设计。在对硬装设计透彻分析的基础上，整个空间将硬装所传递的意境加以延伸，同时通过增加森林、动物等元素，营造出一个令人惬意的休闲空间。本作品的硬装设计中，墙面大量使用具有生命感的自然素材，如木、石、混凝土等，力求营造出一种可以在人的内心深处留下深刻记忆的空间体。

图 1-22 重庆瑞邦设计公司作品

　　复古的主题设计，宽阔而温馨的空间中陈列着木质的桌椅及合适的摆件，绿色植物及树木的创意布置让人有种仿若身处大自然中的感觉。环绕着墙壁的书架上有不同种类的书籍，让人可以边享受美味咖啡边阅览精美书籍，从触觉、视觉、嗅觉、味觉和听觉的"五位一体"延伸到第六感，给人带来一份与众不同的惬意，如图 1-23 所示。

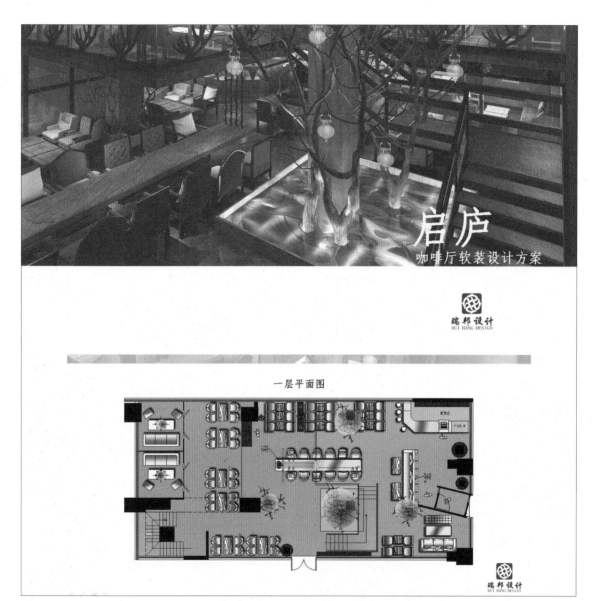

图 1-23 重庆瑞邦设计公司作品 (完整 PPT 文件请参看下载资源)

02 软装色彩

约翰·伊顿（Johannes Itten）说过："色彩就是生命，因为一个没有色彩的世界，在我们看来就像死的一般。"色彩能滋润人们的心灵，影响人们的情感，丰富人们的生活，使人们体会到其动、静、柔和与活力。色彩是软装设计的重中之重，因此掌握与运用色彩美学原则是软装设计师的核心能力之一。

2.1 色彩设计基础

色彩有 3 个基本属性，分别是色相、明度和纯度。

1 色相

色相是色彩的第一属性，即事物本身具有的颜色，也可叫色彩的固有色，如赤、橙、黄、绿、青、蓝、紫。每一种颜色就是一种色相，色相是颜色最主要的特征。比如橘子的色相就是橙色，薰衣草的色相就是紫色，如图 2-1 所示。

图 2-1 橙色与紫色

2 明度

明度是色彩的第二属性，是指色彩的明暗程度，即色彩的深浅。明度越高，颜色越浅；明度越低，颜色越深。也可以理解为，越靠向白色明度越高，越靠向黑色明度越低。图 2-2 呈现了同一图像的明度变化情况。

图 2-2 不同明度的效果

3 纯度

纯度是色彩的第三属性，是指色彩的纯净程度及饱和程度。三原色的纯度最高，在其中掺入的黑白或其他杂色越少，含有色彩成分的比例越大，色彩的纯度就越高；反之，掺入的其他色越多，含有色彩成分的比例越小，色彩的纯度就越低。图 2-3 呈现了同一图像的纯度变化情况。

图 2-3 不同纯度的效果

2.1.1 色彩的对比

色相、明度与纯度在同一空间、同一画面中是同时存在的。在软装设计中运用色彩时，必须三者兼顾。如果将色彩比作音乐，那么色彩中的色相、明度和纯度就如同音乐的节奏、韵律和调性，各要素之间必须协调统一，才能产生和谐共鸣，打造华美乐章。

1 色相对比

色相对比指的是因色相的差异而形成的色彩对比。色相对比可分为同类色相对比、类似色相对比、邻近色相对比、对比色相对比及互补色相对比，色相环如图 2-4 所示。

同类色相对比：在色相环上的距离为 15°以内，色相对比是最弱的。

类似色相对比：在色相环上距离在 30° 左右，色相对比较弱。

邻近色相对比：在色相环上的距离在 60°~90°，色相对比相对较强。

对比色相对比：在色相环上的距离在 120° 左右，色相对比较强。

互补色相对比：在色相环上的距离在 180° 左右，色相对比是最强的。

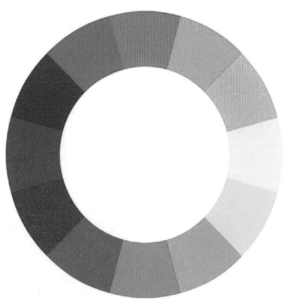

图 2-4 色相环

图 2-5～图 2-7 所示为几种对比色在软装设计中的应用。

图 2-5 同类色相对比

图 2-6 类似色相对比　　　　　　　　　　　　图 2-7 对比色相对比

2 明度对比

明度对比指的是色彩的
明暗程度的对比，即色彩的
"黑、白、灰"层次的对比，
包括同一种色彩不同明度的
对比和各种不同色彩不同明
度的对比。明度对比是色彩
对比的核心对比关系，在软
装设计中必须首先把握好色
彩的明度对比关系。图 2-8
所示为灰色系明度对比关系。

图 2-8 采用灰色系明度对比的室内空间

3 纯度对比

纯度对比即灰暗与鲜艳的色彩对比关系。将纯度较低的颜色与纯度较高的颜色搭配使用，会显得灰的更灰、鲜艳的更鲜艳从而达到灰以衬鲜的效果。以灰色调为主的软装设计，空间可局部运用鲜明色，这样鲜明色就很醒目，灰色调则更显眼、典雅。图 2-9 所示的空间整体为灰色调，黄色的台灯和靠垫（左图）、橙色的靠垫和椅子（右图）在空间中很醒目。

图 2-9 以灰色调为主的纯度对比

以鲜艳色为主的软装设计，空间用少量的灰暗色，会显得鲜艳色更鲜艳，在视觉上更明亮。图 2-10 所示的灰色靠垫、象牙白沙发和凳子，将红墙衬托得更加鲜红。

图 2-10 以鲜艳色为主的纯度对比

4 色彩冷暖对比

不同的色彩会营造不同的温度感。暖色一般指的是红色、橙色、黄色系列，红色与黄色给人以太阳、火焰般温暖的感觉；冷色一般指的是蓝色、青色、绿色系列，蓝色与绿色能让人联想到大海、森林、草原和冰川等，给人以清凉的感觉。

色彩冷暖对比是软装设计的精华，不但可以美化装饰，还可以调节居住者的身心，改善居住者的情绪、生理和心理功能，让居住者更加健康、愉悦。图 2-11 所示卧室即运用了色彩冷暖对比。

图 2-11 色彩冷暖对比

5 面积对比

几种颜色的面积均等时，对比效果最弱；面积相差悬殊时，对比效果最强。"万红丛中一点绿"即是色量（面积）对比的典型配色实例。图 2-12 所示的左图运用了大面积的绿色，粉红色的床靠、花瓶、碎花是小面积的点缀色；右图运用了大面积的蓝色，用对比色黄色作为点缀色，与蓝色互相映衬。

图 2-12 面积对比

2.1.2 色彩的调和

色彩调和是色彩构成的专业术语，即通过调整使色彩和谐。色彩调和是指对两个或两个以上的颜色进行有序的提炼组合与合理的组织安排，使它们协调共生，能给人带来和谐统一美观的心理感受。

色彩调和原则即在统一中求变化，在变化中求统一。在软装设计中只要掌握好这一原则，就会轻松搭配并灵活运用各种色彩。软装设计中的色彩调和，可以分为同类色调和、类似色调和与对比色调和。

1 同类色调和

同类色的色相较接近，是由单一颜色本身的深浅明度变化来求得协调效果，这种协调效果视觉统一和谐、色彩朴素淡雅。同类色很容易协调，但也容易给人以平淡、呆板的感觉，所以使用同类色一定要在明度色彩关系上体现出画面的层次感，尤其要合理安排点缀色与同类色以形成反差。

图2-13所示的左图通过深蓝色、湖蓝色和淡蓝色在纯度和明度上的变化使画面变得丰富；中图以褐色、棕色、驼色等同类色为主色，采用象牙白色与之形成明度上的强烈对比提高了色彩的层次感；右图中地毯上的黑、白、灰与抱枕、台灯罩、装饰品等形成强烈的色彩对比，但整个空间又统一采用黄色调。

图2-13 同类色调和

2 类似色调和

类似色调和是由位置关系较近的色彩组成，色调比较柔和、单纯。图2-14所示的空间中采用以柠檬黄色和黄绿色为主的类似色调和。

图2-14 类似色调和（1）

图 2-15 所示为不同色调的类似色调和。

图 2-15 类似色调和（2）

3 对比色调和

对比色调和在视觉上很跳跃，张力很强，能体现年轻与律动感，但把握难度比较大。例如红色与绿色进行对比，红的会更红，绿的会更绿；黄色与紫色进行对比，就会突出紫色，使黄色更显鲜明。运用对比色调和，稍有不慎就会让空间出现刺眼、俗气与不和谐之感，因此必须掌握如下方法。

★ 用无彩色（黑、白、灰、金或银色）分割对比色，如图 2-16 所示。

图 2-16 用无彩色分割对比色

★ 改变两个对比色中一色的明度或纯度，如图 2-17 所示。

★ 在两个对比色之间加入过渡色，如图 2-18 所示。

图 2-17 改变明度或纯度

图 2-18 加入过渡色

★ 调整对比色的面积以突出大小主次，即在两个对比色中增大其中一种颜色的面积，同时减小另一种颜色的面积，使某一种颜色占主导地位，另一种颜色仅作为点缀色，如图 2-19 所示。

图 2-19 调整对比色的面积

2.2 软装色彩的搭配法则

2.2.1 色调统一法

1 色性的统一

软装色彩的搭配法则是：室内空间的软装与硬装在色调与风格上统一和谐。软装色彩根据冷暖可以分为3种色调：冷色调、暖色调和中性色调。

★ 蓝色和青色会让人联想到大海、寒冰、阴影等，给人以寒冷的感觉，称为冷色调。图2-20所示的室内空间主要是通过冷色来表达，使整个空间显得宁静而雅致。

图2-20 冷色调

★ 红色、橙色、黄色常常会使人联想到太阳和燃烧的火焰，给人以温暖的感觉，称为暖色调。暖色调给人的感觉是温暖、温馨或热烈，如图 2-21 所示。

图 2-21 暖色调

★ 中性色调给人以洁净、整齐、素雅的感觉，容易让人产生和谐感，如图 2-22 所示。

图 2-22 中性色调

2 明度的统一

从软装色彩的明度上，可以将颜色分为亮色调、暗色调和中性色调。

★ 亮色调给人以轻松、愉快、光明、纯洁和活泼的感觉，如图 2-23 所示。

图 2-23 亮色调

★ 暗色调给人以稳重、庄重、威严和坚实厚重的感觉，如图 2-24 所示。

图 2-24 暗色调

★ 中性色调比较柔和，没有强烈的视觉冲击力，给人以雅致、宁静、平凡与随和的感觉，如图2-25所示。

图2-25 中性色调

3 纯度的统一

★ 从软装色彩的纯度上，可以将颜色分为低纯度色调、中纯度色调和高纯度色调。低纯度色调自然、平淡、古朴、稳重、随和；中纯度色调温和、柔软、沉静；高纯度色调强烈、鲜明。由纯色打造出来的效果最为强烈，如图2-26和图2-27所示。

图2-26 低纯度、中纯度、高纯度色调（从左至右）

图 2-27 高纯度色调

4 色相的统一

从软装色彩的色相上，可以将颜色分为红、橙、黄、绿、蓝、紫等，如图 2-28 所示。

图 2-28 色相统一的室内空间

2.2.2 软装色彩面积的搭配法则

软装色彩面积的组成包括家具、装饰画、陶瓷、花艺绿植、窗帘布艺、灯饰及其他装饰摆件。不同色彩面积的搭配会给人以不同的视觉感受，如同 7 个音符的不同排列组合，可以变幻出无数种美妙旋律。

在软装色彩面积的搭配中，家具作为室内空间的主体色，面积约占 60%；布艺织物、窗帘和床品等作为辅助色，面积约占 30%；饰品、艺术品、花艺及绿化造景作为点缀色，面积约占 10%。对这一法则要灵活运用，不可呆板绝对。

1 家具的色彩

家具的色彩包括支撑类家具、储藏类家具和装饰类家具的色彩，如沙发、茶几、床、餐桌、餐椅、书柜、衣柜和电视柜等，如图 2-29 所示。

图 2-29 家具的色彩

2 灯饰的色彩

灯饰的色彩包括吊灯、立灯、台灯、壁灯及射灯的色彩。灯饰不仅起着照明的作用，还兼顾渲染环境气氛和提升室内情调的作用，如图 2-30 所示。

图 2-30 灯饰的色彩

3 饰品的色彩

饰品的色彩包括陶瓷摆件、铜制摆件、挂画、照片墙、相框和油画等的色彩。图 2-31 所示饰品的色彩沿用了室内空间的家具、墙面、布艺等元素的色彩。

图 2-31 饰品的色彩

4 花艺绿植的色彩

花艺绿植的色彩包括装饰花艺、盆景园艺、花盆、干(鲜)花插花、绿化植物和水景等的色彩。软装中花艺绿植的色彩或与室内空间统一，显得温馨和谐；或与室内空间对比，显得生动而充满生活情趣，如图 2-32 所示。

图 2-32 花艺绿植的色彩

5 布艺织物的色彩

布艺织物的色彩包括床上用品、窗帘、地毯、桌布、沙发坐垫和抱枕(靠枕)等的色彩，如图 2-33 所示。

图 2-33 布艺织物的色彩

　　软装要设计得精彩，整体空间色彩面积的搭配很重要。除了要考虑软装的构成要素外，还要考虑与硬装（如墙面、顶面、地面）色彩的和谐统一，只有把握好面积比例与尺度才会让空间显得更加精致、融洽，进而让人的身心得到美的享受，如图 2-34 所示。

图 2-34 软装与硬装色彩的和谐统一

2.3 最美色彩的搭配秘籍

2.3.1 理清色彩表达的主题

　　在进行软装色彩的搭配时，用什么色或不用什么色不能全凭设计师的个人感觉。首先要确定表达的主题，再以此为基础选择能准确表达该主题的色彩。值得注意的是，色彩要为主题服务。图 2-35 所示的"蓝孔雀"主题婚礼，是以冷紫色、绿色、蓝色作为主体色彩进行搭配的。

图 2-35 冷色调主题的表达

图 2-36 所示的"春天"主题婚礼，以粉红色、桃红粉色系进行搭配，呈现出柔美温馨的视觉效果。

图 2-36 温馨色系主题的表达

2.3.2　色彩灵感的来源

可以从大自然植物获取色彩灵感，如图 2-37~ 图 2-39 所示。

图 2-37 从绿色植物获取的灵感

图 2-38 从秋天的树木中获取的灵感

图 2-39 从五颜六色的花朵中获取的灵感

可以从大自然动物中获取色彩灵感，如图 2-40 所示。

图 2-40 从动物身上获取的灵感

可以从建筑物中获取色彩灵感，如图 2-41~ 图 2-43 所示。

图 2-41 从建筑物中获取的灵感（1）

图 2-42 从建筑物中获取的灵感（2）

图 2-43 从建筑物中获取的灵感（3）

可以从食物中获取色彩灵感，如图 2-44 所示。

图 2-44 从食物中获取的灵感

可以从生活用品获取色彩灵感，如图 2-45 所示。

图 2-45 从生活用品中获取的灵感

可以从艺术作品获取色彩灵感，如图 2-46~ 图 2-48 所示。

图 2-46 从梵高《鸢尾花》获取的灵感

图 2-47 从莫奈《睡莲》获取的灵感

图 2-48 从艺术装饰品获取的灵感

可以从时尚元素获取色彩灵感，如图 2-49 所示。

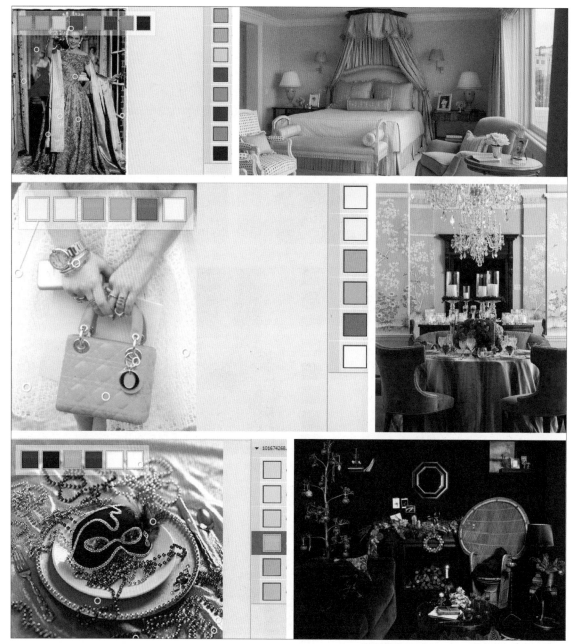

图 2-49 从时尚元素获取的灵感

2.4 不同人群对软装色彩的倾向

2.4.1 男性色彩

男性喜欢稳重、智慧、权威、简洁、进步的色彩，代表男性的色彩一般明度和纯度都相对较低，如蓝色、绿色、灰色与黑色等。

图 2-50 所示为运用了蓝色的室内空间，蓝色的沉静、镇静、权威、智慧和稳定都让男性为之倾心。

图 2-50 沉静、稳重的男性色彩

2.4.2 女性色彩

女性喜欢高雅、浪漫、华丽、时尚、清爽、温情、柔和、甜美、优雅的色彩，代表女性的色彩一般纯度相对较高，如粉色、蓝色、紫色和绿色，如图 2-51 和图 2-52 所示。

图 2-51 甜美、清新的女性色彩

图 2-52 浪漫、温馨的女性色彩

2.4.3 儿童色彩

儿童喜欢活泼、快乐、有趣、动感的色彩，代表儿童的色彩一般明度与饱和度都相对较高。对于儿童来说，红黄蓝三原色的搭配是不错的选择，如图 2-53 所示。

图 2-53 活泼、动感的儿童色彩

2.4.4 老人色彩

老人喜欢沉稳、高尚、安静、自然、温暖的色彩，老人的居室适合淡雅、恬静的暖淡色调，应避免使用纯度过高的色彩。绿色、象牙色、驼色等色彩都可以让老人身心得以放松，有益于健康，图2-54所示为适合老人居住的室内空间。

图 2-54 沉稳、淡雅的老人色彩

2.5 不同软装风格的色彩搭配分析

2.5.1 中式风格的色彩搭配

中式风格气势恢宏、华丽唯美、金碧辉煌，雕梁画栋的造型讲究对称。其多以传统的红色、黑色、棕色、金色和黄色为主，给人以厚重感。中式风格的软装色彩可以通过窗花、博古架、中式花格、家具、灯具、雕刻、书法和工艺美术等陈设来体现，如图 2-55 所示。

图 2-55 中式风格色彩

新中式风格是通过对传统文化的重新认识，对传统元素的重新解构，将现代元素和传统元素组合在一起，以现代人的审美来打造富有传统韵味的居室。新中式风格的软装在色彩方面秉承了传统古典风格的典雅和华贵，并加入了很多现代元素，呈现出时尚的特征。在配饰的选择方面更为简洁，少了许多奢华的品类，细节上崇尚自然，格调高雅，造型简朴优美，充分体现出传统与现代相结合的美学精神，如图 2-56 所示。

图 2-56 新中式风格色彩

2.5.2 欧式风格的色彩搭配

古典欧式风格的色彩比较凝重和沉稳，与金属色的纹饰结合使用，能够打造出华丽、高贵、精致的视觉效果，如图2-57所示。

图 2-57 古典欧式风格色彩

简欧风格的色彩轻快、明朗，其中包含了一些现代元素，大面积使用白色、亮灰色，搭配手法也比古典欧式更加灵活，如图2-58所示。

图 2-58 简欧风格色彩

2.5.3 东南亚风格的色彩搭配

东南亚风格的色彩饱和度与明度都相对较高，经常使用对比色、邻近色进行搭配，用色大胆，色彩艳丽。多彩布艺装饰的色彩与实木、竹、藤、麻等原色搭配是东南亚独有的设计风格，如图2-59所示。

图 2-59 东南亚风格色彩

2.5.4 现代简约风格的色彩搭配

现代简约风格起源于现代派的极简主义，力求创造出顺应工业时代精神、独具新意的简化装饰。简约风格虽简单但有品位，这种品位体现在设计中对每一个细节的把握。它以简洁的表现形式来满足人们对空间环境感性的、本能的和理性的需求，以干练的直线为基础对设计元素、色彩、照明等进行简化，达到以少胜多、以简胜繁的装饰效果。

在色彩上，亮色调、灰色调和深色调都可以用于现代简约风格。现代简约风格的色彩种类一般不多，可以用明朗、轻快的主体色配搭灰、白、黑等无彩色，或者就以无彩色作为主体色。现代简约风格没有典型的颜色搭配，组合的自由度高，可打造出典雅、轻快、艳丽或硬朗等视觉效果。具体设计中可以用不同风格的软装产品进行混搭，给居住者以舒适、美观与时尚感，如图 2-60 所示。

图 2-60 现代简约风格色彩

2.5.5 田园风格的色彩搭配

田园风格崇尚自然，设计以自然乡村为背景，带有简约的闲适感与淡淡的怀旧感。田园风格的家居用品不要求完美无瑕，而追求原生态与回归自然，美学上推崇自然美，色彩上具有清新自然、返璞归真的特点，色调上突出自然、简朴、淳朴、雅致、温馨的格调与氛围，如图 2-61 所示。

图 2-61 田园风格色彩

2.5.6 地中海风格的色彩搭配

地中海风格的色彩饱和度高，以蓝色、白色为主色调，能让居住者体验到充满海洋风情的生活空间。蓝色系列与蓝紫色、白色、黄色、绿色、土黄色和暖褐色是地中海风格经典的色彩搭配，如图 2-62 所示。

图 2-62 地中海风格色彩

03 软装提案

软装提案的制作是软装设计师的核心能力，它能充分展现软装设计师的设计思想、设计水平。通过提案的文字能看出设计师的文化修养；通过版式能看出设计师的画面组织能力；通过色彩能看出设计师的色彩把控能力；通过选图可以看出设计师的审美修养。软装提案的设计既是整个软装主题思想、软装效果的集中体现，又是软装设计师设计水平的集中体现，其重要性不言自明。

3.1 软装提案的内容

软装提案因设计公司及提案内容的不同，其制作手段与方式也会有所差异。但无论采用什么样的手段和方式，关键都是要通过提案更好地展现出软装的思想、主题、色彩、氛围和材质等。

1 封面

封面的形式可以多样化，但大多数以呈现方案为主，如图 3-1 所示。当然，也有以公司形象、设计师形象等作为提案封面的。

图 3-1 重庆汉邦设计罗玉洪作品（完整 PPT 文件请参看下载资源）

封面设计不能千篇一律，而必须与整个方案相统一。有的设计师常常将一个风格的封面应用到所有的软装提案中，虽然公司或设计师会以"统一"的形象展示自己，但同一个封面不一定适合所有方案，因为每个方案的主题、用色、风格等都不尽相同。当最终把方案呈现在客户面前时，从方案的第一页至最后一页都应该给客户一个高度统一的印象，自始至终营造同一种氛围，诉说同一个主题。封面是整个方案的一部分，所以其字体、色彩和图片等自然应当与后文内容保持高度一致。图 3-2 所示为设计师杨然的软装提案，本方案从封面开始每个页面都对橙色元素做了强化，其主题在 PPT 展开过程中层层推进，不断深入。

图 3-2 杨然作品（完整 PPT 文件请参看下载资源）

图 3-3 所示为设计师张霖软装提案的封面，其用蓝印花布的靛蓝色表现安心舒适的室内空间，用浊色调的浅咖色和通透的驼色进行类似色配色，营造出时光静止般的氛围，让人徜徉在闻香、喝茶、聊天的惬意画面中。

图 3-3 张霖作品（完整 PPT 文件请参看下载资源）

2 设计师（或设计公司）简介

客户往往会因为信赖某个设计公司或优秀设计师而委托其实施软装提案的设计。设计公司往往会将公司的简介放在提案中的主要位置。考虑到设计师的流动性比较强，大多数公司会选择以推荐自己的品牌为主。而个人工作室或设计师本身则会将设计师的简介放在提案中的主要位置，如图 3-4 所示。

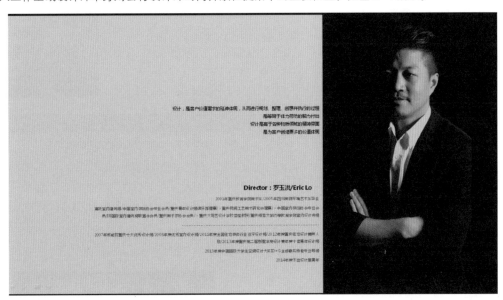

图 3-4 重庆汉邦设计罗玉洪（完整 PPT 文件请参看下载资源）

3 目录

目录在软装提案中不是必需的，因为软装提案大多用 PPT 的方式进行展示。这种形式决定了软装提案是以渐进方式呈现的，即客户往往是在设计师的引导与讲解下一页一页进行浏览。目录在印刷品上的作用一般是索引，而在 PPT 软装提案中的作用有两个方面：一是让客户对整个提案的内容一目了然；二是展现设计师的专业精神与水准以示郑重，如图 3-5 所示。

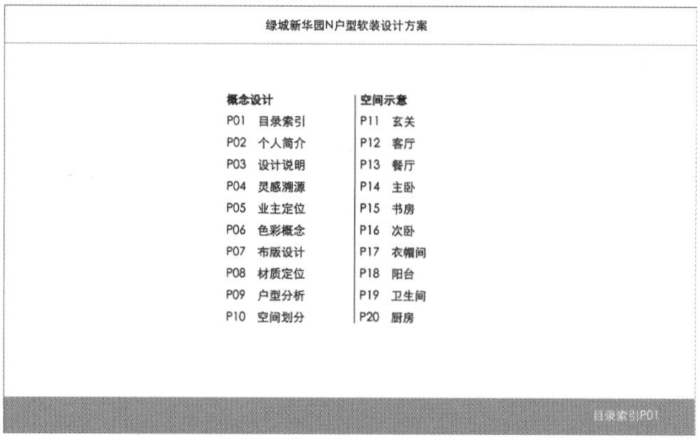

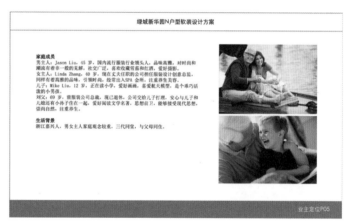

图 3-5 张霖作品（完整 PPT 文件请参看下载资源）

4 客户分析

"设计要以人为本"，软装设计尤其如此。这就需要对业主进行深入的了解，包括家庭人员结构、生活习惯、生活方式、职业、年龄和爱好等。说到底，软装设计不是一种摆设，而是实实在在地为人服务即人才是软装设计的真正主体。所以在进行软装设计之前，客户分析是必做的功课，如图 3-6 所示。当然在一些商业项目中会有所不同，需分析的主体不是委托者本人，而是其服务的主体，但依然是以人为本。

图 3-6 张霖作品（完整 PPT 文件请参看下载资源）

5 设计说明

软装设计说明的主要内容为设计思路、创意源泉等，主要形式包括灵感来源、设计构想与氛围图片等，如图 3-7 所示。

图 3-7 张霖作品（完整 PPT 文件请参看下载资源）

设计说明的文字必须做到言简意赅、措辞优美，图片必须做到简洁清新、精美绝妙，从而将提案聆听（观看）者带入设计师所营造的氛围中，如图 3-8 所示。

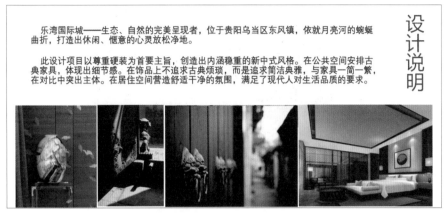

图3-8 重庆汉邦设计罗玉洪作品（完整 PPT 文件请参看下载资源）

6 色彩分析

色彩是软装设计的核心，因而色彩分析在软装提案中必不可少。设计中须标明色彩的 RGB 或 CMYK 参数，由上至下（或由左至右）按其明度顺序进行排列，以便后期实施软装方案时能准确地使用设计师所选择的色彩，如图 3-9 所示。

图3-9 张霖作品（完整 PPT 文件请参看下载资源）

7 材料分析

通过对软装提案中所用材料的分析，使委托者了解主材的颜色、质感、肌理等属性。其表现形式主要为材料小样及布版设计等，如图 3-10 和图 3-11 所示。

图3-10 张霖作品（完整 PPT 文件请参看下载资源）

图 3-11 重庆汉邦设计公司作品（完整 PPT 文件请参看下载资源）

8 硬装分析

大多数软装都是在硬装的基础上进行的，前文已经对软装与硬装的关系作了详细讲解，这里不再赘述。硬装分析包括功能分析、动线分析、风格分析及设计思路分析等，如图 3-12 所示。

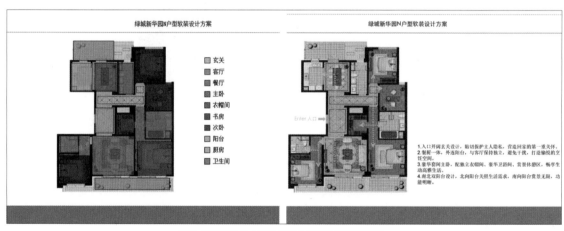

图 3-12 张霖作品（完整 PPT 文件请参看下载资源）

9 软装产品

软装产品在软装提案中不是简单地罗列，而是软装设计师设计思想的集中展现，更是软装提案实施效果最直接的保证。

软装产品往往是根据空间顺序，以空间为单位，并通过 PPT 排版等手段，尽可能地将软装提案的最终效果以最直观的形式展现出来。图 3-13~ 图 3-16 所示为设计师杨然的软装提案作品（完整 PPT 文件请参看下载资源）。

图 3-13 软装提案（1）

图 3-14 软装提案（2）

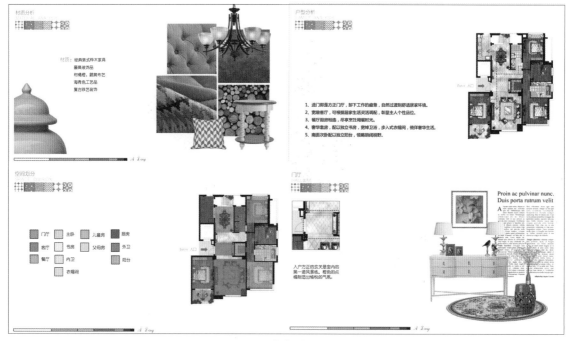

图 3-15 软装提案（3）

图 3-16 软装提案（4）

3.2 软装提案的原则与灵感

家在每个人的心目中都具有崇高的地位，尤其在五千年传统文化熏陶下的中国，家更是每个人心灵深处最柔软、最美丽的梦，往往需要用一生去经营。

中国人最讲究人与物、人与自然的融合，所以软装设计首先必须被赋予内涵，做到有思想、有创意、有故事，然后再去寻找最合适的风格。

3.2.1 软装创意的原则

第一点，要反映积极向上的生活态度。软装设计师首先应树立正确的价值观，并且将其融入软装设计中。

第二点，既要体现委托者的喜好，又要引导委托者选择合适的色彩配置。色彩会影响人的心理，进而对心脏、内分泌机能和中枢神经系统的活动造成一定的影响。作为软装设计师，除了要熟悉色彩搭配的美学原则以外，还必须掌握不同颜色对人的心理、生理所产生的不同影响。

红色：可刺激和兴奋神经系统，增加肾上腺素分泌，促进血液循环。

橙色：可诱发食欲，帮助恢复健康和吸收钙质。

黄色：可刺激神经和消化系统。

绿色：有益于消化和消除压力，有镇静作用。

蓝色：能降低心率，使人安静。

靛蓝色：可调和肌肉，止血，影响视听嗅觉。

紫色：对运动神经和心脏系统有压抑作用。

黑色：可使人精神压抑，有诱发疾病的可能性。

第三点，灵感要有出处。艺术源于生活而高于生活，因此灵感不是凭空产生的，而是在长期思考与积累的过程中受到某一事物的启发碰撞出的"火花"。所以灵感的产生必须满足两个条件：一是软装设计师要善于观察生活中的方方面面；二是要善于思考事物之间的联系。

3.2.2 软装创意的灵感来源

在设计中灵感和创意必须有出处，要体现人与物之间的共鸣，因此不要为了标新立异而试图去"创造"灵感。软装创意的灵感来源包含但不限于以下十大方向。

1 中国传统文化

中国传统文化具有鲜明的民族特色、悠久的历史和博大精深的内涵。图 3-17 和图 3-18 所示为从中国传统文化中获取灵感的软装创意设计说明。

图 3-17 重庆信实公司作品

图 3-18 重庆汉邦设计罗玉洪作品

2 西方传统风格

西方传统风格以欧式风格为主导，于 17 世纪盛行欧洲，强调线性流动，色彩华丽，追求浪漫，奢华富丽，充满强烈的动感效果。图 3-19 和图 3-20 所示为从西方传统风格获取灵感的软装创意设计说明。

陈设风格解读
STYLE INTERPRETATION

低调奢华，传承古典——"轻奢，尊贵"

欧式风格强调以华丽的装饰、浓烈的色彩、精美的造型达到雍容华贵的装饰效果。

整体硬装运用米色与咖色，以金银车边线为造型打造轻奢的效果。立面上提取了古希腊"多立克柱式"的样式并进行简化，使整个空间达到欧式风格效果，高贵典雅却又不繁杂。

后期陈设根据硬装表达意愿，融合简约大气的空间感和古典欧式的细节体现，打造出后现代的奢华空间。

图 3-19 重庆信实公司作品

色彩构成
COLOR COMPOSITION

空间整体以米黄色为主，咖啡色起点缀和沉淀作用，构成深浅搭配和色彩对比。后期陈设维系大的视觉感，在布艺和饰品上加入中国红和帝王金进行点缀，既活跃了空间的氛围和视觉感，有提升了空间的贵气感。

图 3-20 重庆信实公司作品

3 旅游与地域文化

不同的地域有其不同的风土人情与生活情趣，不同地域的风景也有其独特的魅力，如西班牙热情奔放的斗牛、希腊美丽的阳光与沙滩、埃及神秘的金字塔等。图 3-21 所示是以法国普罗旺斯为灵感来源设计的软装创意提案。

图 3-21 以地域文化为灵感设计的软装提案

4 色彩

在不同的环境、不同的季节和不同的心情下，色彩都能带给人无限的遐想。软装设计中，魅力无穷的色彩自然成为软装设计师创意灵感的重要来源。图 3-22 所示即是以色彩为灵感来源设计的软装提案。

图 3-22 丁小倩作品

5 奢侈品

奢侈品在国际上被定义为"一种超出人们生存与发展需要范围的,具有独特、稀缺、珍奇等特点的消费品"。奢侈品往往处于时尚的顶端,对人们的审美有一定的引导性。很多表达时尚的软装提案都是以奢侈品作为灵感来源,如图 3-23 所示。

图 3-23 曾蓁作品

6 日常生活

艺术来源于生活,软装设计说到底就是设计生活,因此不懂得生活也就不可能做好软装。生活既是软装设计的对象,又是灵感的重要来源,如图 3-24 所示。

图 3-24 文佳作品

7 诗词歌赋

我国从古至今一直有着海量的诗词歌赋作品，这一灿烂的诗词文化为设计师提供了源源不断的灵感。

图 3-25 所示的软装提案引用诗句"芙蓉幕里千场醉，翡翠岩前半日闲"，选择现代新中式风格，融入中式"八雅"元素，以雅之沉稳、静之悠闲，打造出优雅、厚重、舒适、富有底蕴的艺术空间。

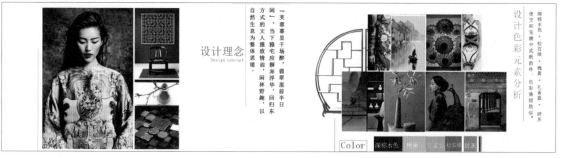

图 3-25 蒋标作品

8 季节节日

春的生命是鲜活的，夏的生命是热烈的，秋的生命是丰富的，冬的生命是纯洁的。每个季节都有其魅力所在。

世界各国都有自己的节日，且每个节日都有其各自的含义。一些节日源于传统习俗，如中国的春节、中秋节、清明节、重阳节等；有的节日源于宗教，如西方的圣诞节；有的节日源于对某人或某个事件的纪念，如中国的端午节、国庆节、青年节等。图 3-26 所示是以季节为灵感来源设计的软装提案。

图 3-26 以季节为灵感设计的软装提案

9 艺术作品

在人类文明的历史长河中，涌现出种类繁多、艺术成就极高的艺术作品。很多灿烂的艺术作品经过岁月的洗礼，变得价值连城。图 3-27 和图 3-28 所示软装提案的灵感即来源于梵高的画作。

图 3-27 蒲茂源作品

图 3-28 蒲茂源作品

10 影视作品

我们都知道，优秀影视作品的道具组本身就是软装大师。影视作品的场景既要符合历史背景，也要与剧情所表达的主题相适应，还要经得起成千上万观众的"挑剔"，稍有不慎便有可能"穿帮"。图 3-29 所示是以 2016 年热播剧为灵感来源设计的软装提案。

图 3-29 曾秦作品

3.3 软装提案的美学秘籍

在软装提案的设计中，排版美学是软装设计师必须掌握的。软装设计本身就是一种配置工作，对同样的元素采用不同的组合方式会呈现出完全不同的美学效果。所以通过软装提案体现出来的版式美感，基本上可以判断出软装设计师的美学功底是否扎实。可见学好软装提案的排版，对提高软装设计师的摆场、设计能力有举足轻重的作用。

3.3.1 统一性原则

统一是美学的总法则，软装提案的设计也不例外，一味追求画面的丰富与变化只会使其显得杂乱无章。

在学习软装设计的过程中，往往会经历从无知到"加法"再到"减法"的过程。设计师开始往往找不到切入点，一旦找到便能在方法和技术上不断得以丰富。不仅个人设计师如此，整个设计界亦如此。总之，就是设计在统一性方面思考得太少。

软装设计的统一性原则主要表现在以下几个方面。

1 主题风格统一

主题风格统一，即整个软装提案的风格要与设计主题一致。设计主题是整个软装提案的核心，所有的元素都必须与主题保持高度一致，如主题表达的是江南水乡，则不要选择出现奔放的草原的氛围图。图 3-30 所示为重庆信实公司设计的软装作品，其定位为休闲美式风格。包括其氛围图在内的整个提案中都在营造一种休闲的感觉，如大海、器皿、水果等。崇尚自由造就了其自在、随意、不羁的生活方式，没有太多造作的修饰与约束，不经意间也成就了另外一种休闲式的浪漫。

休闲美式风格正好迎合了时下的文化资产者对生活方式的需求，即有文化感、有贵气感，还不能缺乏自在感与情调感。休闲美式风格最大的特点是文化和历史的包容性，以及空间设计上的纵深感，少了许多羁绊，但又能体现出文化根基，怀旧、贵气而又不失自在与随意。

图 3-30 重庆信实公司作品

2 字体统一

在一个提案作品中，所用字体一般不要超过 3 种，否则会显得杂乱无章。可以通过字号的大小与色彩的对比来突出重点信息，这是画面中必须有的效果。通过使用不同字号的字体可以在画面上形成"视觉流程"，即让客户先看哪个部分、后看哪个部分都是可以被设计出来的。面对图 3-31 所示提案，首先观者的视觉焦点会落到右边的图片上，因为其体量与色彩足以吸引眼球，随后视线必然会向左边的大号字"外立面材质分析"移动，然后是下面的材质图片与文字，最后才是最上面和最下面的中英文小字。设计师在安排视觉流程的时候，一定要有主次顺序，切不可颠倒，否则难以达到想要的效果。

图 3-31 重庆信实公司作品

图 3-32 所示为软装案例《重庆璧山陈先生住宅软装方案》。

图 3-32 重庆汉邦设计公司作品（完整 PPT 文件请参看下载资源）

字体统一除了要注意提案中的字体不能超过3种以外，还要注意各种风格的提案应选择与之相符的字体。如前文案例的封面上选择繁体字，更能彰显中式风格。另外，还要注意正文尽可能使用易于识别、方便阅读的字体。若需使用艺术字体，可以通过一些网站下载，表3-1所示即通过相关网站下载的软装提案常用字体。

表3-1 软装提案常用字体

字体效果	字体名称	字体效果	字体名称
迷你简黑体	迷你简黑体	简纤演示范例	蒙纳简纤兰
迷你简大标宋	迷你简大标宋	方正·少儿简体	方正少儿简体
叶根友唐楷简体	叶根友唐楷简体	方正细珊瑚简体	方正细珊瑚简体
迷你简古隶	迷你简古隶	康熙字典体	康熙字典体
迷你简剪纸	迷你简剪纸	方正藏简体	方正藏简体
迷你简北魏楷书	迷你简北魏楷书	迷你繁篆楷	迷你繁篆书
迷你简柏青	迷你简柏青	迷你繁方篆	迷你繁方篆

3 色彩统一

软装提案的创意主题一旦确定，就需要选择符合该主题的色彩，而且不论是图片还是辅助字体的颜色都将以这个主色为核心，从封面开始注意对色彩的把控。注意整个提案中不要超过3种色彩，否则画面容易显得杂乱无章。

图3-33所示为软装提案设计师张霖先生的简介页面。提案的主题为《青出于蓝》，故将蓝色作为整个方案的引导色彩。最初设计师简介页面中的设计师照片背景为灰色，且整个页面中也没有其他与提案相呼应的蓝色，因此右图将设计师照片背景改成偏蓝色。两相比较，不难看出色彩统一在整个提案中的重要性。

图3-33 提案的色彩与主题契合

4 对齐

（1）页面对齐

表3-2 同一方案的两次提案文件对比

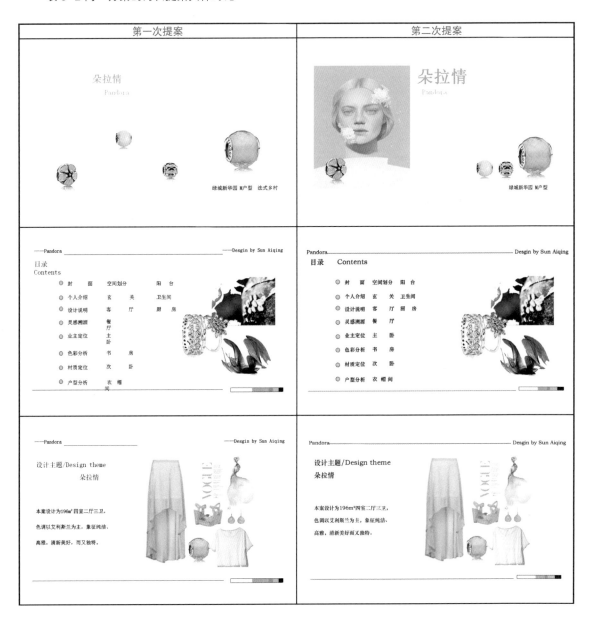

续表

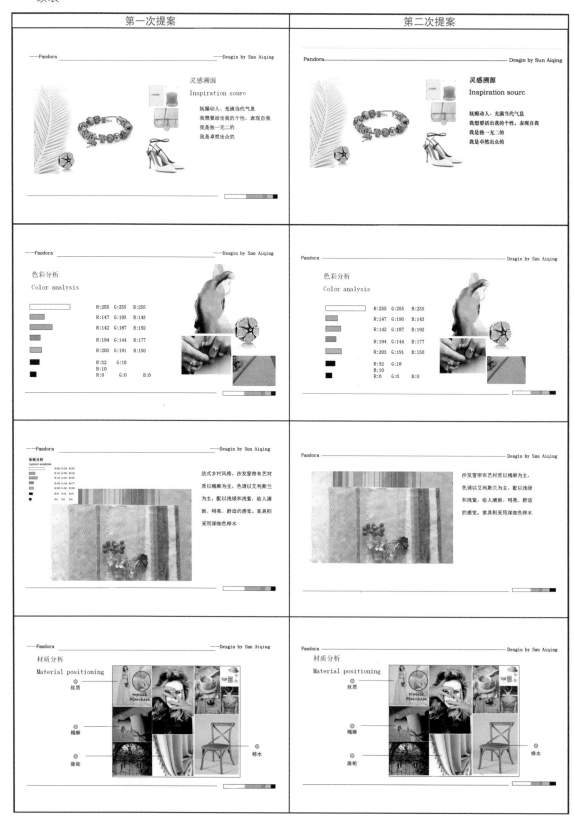

续表

第一次提案	第二次提案

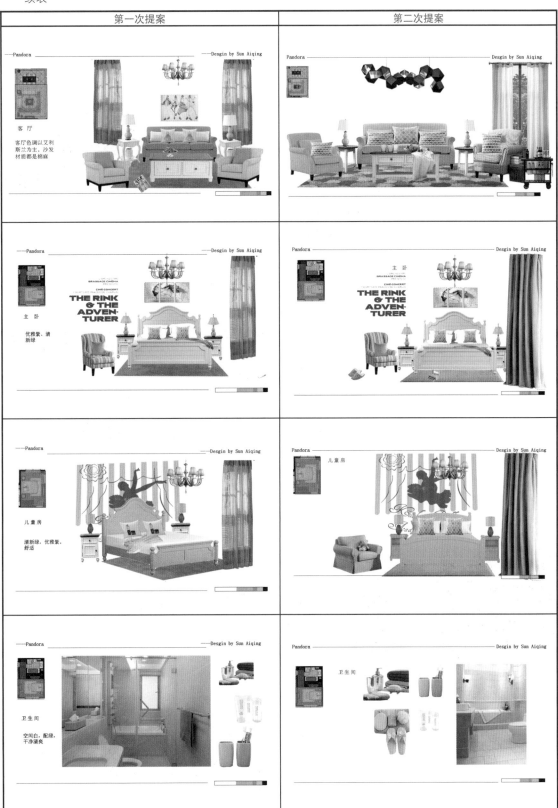

（2）图片内在因素对齐

图片对齐不仅需要考虑到图片的外在因素（即图片的大小或边缘），还要考虑到图片的内部因素，如地平面、海平面、屋顶、人物等。如图 3-34~ 图 3-37 所示的两组图片，考虑到图片内部因素对齐与仅考虑图片边缘对齐给人带来的视觉效果是完全不同的。图片内部因素对齐更符合自然的常规现象，会使提案看起来更和谐，画面更美丽。

图 3-34 没有考虑海平面对齐

图 3-35 考虑到海平面对齐

图 3-36 没有考虑图中人物对齐

图 3-37 考虑到图中人物对齐

（3）对齐的方式

采用不同的对齐方式会带来截然不同的艺术效果。软装提案所传递的信息不同，采用的对齐方式也会有所不同。

风格解读
STYLE INTERPRETATION

休闲美式风格

生活是一种态度，可拘束，可随性

崇尚自由，造就了其自在、随意的不羁生活方式，没有太多造作的修饰与约束，不经意间也成就了另外一种休闲式的浪漫。
休闲美式风格正好迎合了时下的文化资产者对生活方式的需求，既有文化感、有贵气感，还不能缺乏自在感与情调感。休闲美式风格最大的特点是文化和历史的包容性以及空间设计上的纵深感，少了许多羁绊，但又能体现出文化根基，怀旧、贵气而又不失自在与随意。

图 3-38 两边对齐式

①两边对齐式

图 3-38 所示案例中，整个画面有两条边是对齐的，另外两条边则没有对齐，这样的画面在整齐中透着灵动、在严谨中带着活泼。画面的左边界与下边界两边对齐，上边界与右边界根据文字内容呈自由状态，加上标题"风格解读" 4 个字在左对齐的统一中向右作小距离移动，这种感觉很符合休闲风格。

②四周对齐式

画面图文四周皆对齐，这样的画面整齐、稳重，特别适用于中式的软装提案。但这种对齐方式要避免将所有的图片等大排列。图 3-39 所示案例用大小不同的图片进行排列，且保持边界对齐，这样的排列方式可以避免画面显得呆板。

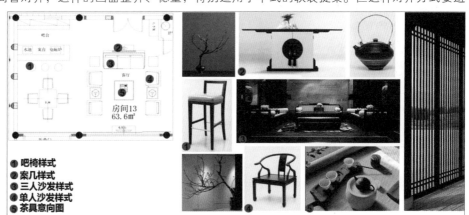

图 3-39 四周对齐式

③单边对齐式

单边对齐即只有一边对齐，其他几边则根据元素自由排列，这种对齐方式排列的画面显得比较洒脱、自然。图 3-40 所示为儿童房的软装提案，采用单边对齐使画面更加生动，契合儿童房的设计主题。

④轴线对齐式

轴线对齐式是指以垂直或水平线为对齐轴线，将左右或上下元素分别对齐。这种对齐形式有点像圣诞树，轴线为树杆，左右元素为圣诞树上的神秘礼物盒，画面让人倍感浪漫，如图 3-41 所示。

图 3-40 单边对齐式

图 3-41 轴线对齐式

3.3.2 中心突出原则

设计软装提案时要将重点的图片文件放在主要位置。图 3-42 所示提案页面中最容易引起观者注意的是九宫格水平和垂直的两条线相交的位置。主要的文字处于画面中心，即九宫格最中间的方块内或边界处。

图 3-42 重庆信实公司作品

如果最需要突出的部分在大小、色彩等方面与页面中其他部分有明显的区别，也会使其得到视觉强化，成为画面的焦点，如图 3-43 所示。

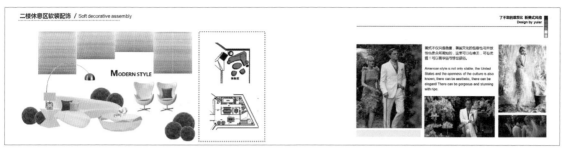

图 3-43 重庆信实公司作品

3.3.3 简洁原则

学会选图也是设计师的基本功之一，因为只有经典的图片才能更好地去营造氛围。在软装提案前期的创意灵感溯源阶段，设计师往往会收集大量的意向图，但使用过程中要学会取舍，不能把所有的图片都堆砌在提案中，如图 3-44 所示。

图 3-44 重庆信实公司作品

3.3.4 关系正确原则

软装提案主要由图片和文字组成，因此要注意提案文件中人与物的关系和图片与文字的关系等。

1 人与物的关系

当人物图片与物件图片呈上下关系时，一般应将物件图片置于人物图片下面。如果将图 3-45 中的物件图片置于人物图片上面，就会给人一种人物头顶盘子的感觉。

美式生活
American life

尼克从中西部故乡来到纽约，在他住所旁边正是本书主人公盖茨比的豪华宅第。这里每晚都会举行盛大的宴会。尼克和盖茨比相识，故事就这样开始了。

Nick came to New York from the Midwest in his hometown, near his home is the book the hero Gatsby's mansion. There's a big party every night. Nick and Gatsby met, so the story began.

美式生活
American life

尼克从中西部故乡来到纽约，在他住所旁边正是本书主人公盖茨比的豪华宅第。这里每晚都会举行盛大的宴会。尼克和盖茨比相识，故事就这样开始了。

Nick came to New York from the Midwest in his hometown, near his home is the book the hero Gatsby's mansion. There's a big party every night. Nick and Gatsby met, so the story began.

图 3-45 人物图片与物件图片的排列

2 图与文的关系

当人物图片与文字同时出现在画面中时，需要将文字置于人物面对的方向（眼睛注视或张开手臂拥抱的方向）。图 3-46 右图所示将文字置于人物面对的方向，人物与文字的关系显得自然而和谐。

图 3-46 图片与文字的排列

3 人与人的关系

当提案中有两张人物图片且都是横向排列时，要注意将两个人物相向放置。将人物背向放置时，画面会给人一种"分离"的感觉。当左右图片交换，人物的视线相对时，整个画面瞬间变得温馨而和谐，如图 3-47 所示。

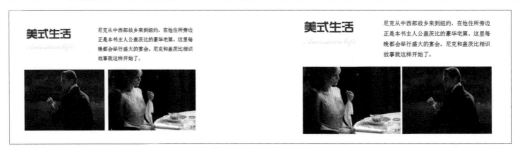

图 3-47 人物横向排列

当画面中同时出现男士图片与女士图片且纵向排列时，一般将男士图片放在上面、女士图片放在下面。从图 3-48 所示两组图片的对比可以看出，男士图片在上面的画面更显自然。另外人物图片的排列还需要注意人物关系，一般长辈在上，晚辈在下；上司（级别高的）在上，下属（级别低的）在下。

图 3-48 人物纵向排列

04 软装设计风格

对软装设计风格的理解要从地域和历史两个方面展开。软装设计就是按不同的风格对软装元素进行设计和整合，同时遵循不同的地域文化、人文生活和特有的建筑与室内设计风格，最终对室内进行二次装修和布置，使得整个空间更加和谐。

软装设计师可以通过学习掌握对设计的应用能力和对产品的辨识能力，以及主流风格的表达语言。

在学习软装设计风格时，应注意从地域文化、历史背景去理解不同风格形成的原因，不同风格的元素特征及不同风格的色彩倾向。

4.1 中式软装设计风格

中式软装设计风格是指以宫廷建筑为代表的中国古典建筑的室内装饰设计艺术风格,特点是气势恢宏、壮丽华贵、高空间、大进深、雕梁画栋及金碧辉煌。其造型讲究对称,色彩讲究对比,装饰材料以木材为主,图案多为龙、凤、龟、狮等,精雕细琢、瑰丽奇巧。

4.1.1 中式风格概述

中式风格的代表元素是中国明清古典传统家具及中式园林建筑。其造型特点是对称、简约、朴素,格调雅致、内涵丰富,如图4-1所示。中式风格的家居设计能体现出主人的审美情趣与社会地位,尤其是随着近年来中国国际地位的不断提高,具有深刻艺术内涵的传统中式室内装饰设计受到了越来越多的社会精英人士的喜爱。

图4-1 重庆山点水建筑设计事务所袁兴智作品

中式风格最大的特点是优雅、庄重,常以浓烈而深沉的色彩来装饰室内。比如墙面采用深紫色或者偏暗的红色,地面和墙面装饰采用深色的地板或木饰,天花板则采用深色木质吊顶加上淡雅的灯光,尽显中式风格的内涵。

中国的传统居室非常讲究空间的层次感,因而传统的审美观念在中式风格中得到了大量的运用。对称、天圆地方等概念在中式风格中都比较常见,从图4-2中就可以清楚地看到圆形和方形在中式室内设计中的应用。

图4-2 重庆汉邦设计公司作品

4.1.2 中式风格细分

1 古典中式风格

（1）古典中式风格的特点

对古典中式风格的继承并不是简单地抄袭和拓写，中式家居的营造是人对自己内心需求及渴望的归纳和表达，其内涵精神是我国文明历史长期积淀的结果。古典中式风格的特点主要体现在室内布局、造型、线条、色调及家具陈设等方面。装饰元素吸取传统建筑装饰样式，如藻井天棚、挂落、雀替的构成和装饰。明、清家具造型和款式吸取传统文化艺术中"形""神"的特征，包含大量木雕、绘画等精美复杂的内容。我们从很多中式造型中都可以读出传统文化或故事，如图4-3所示。

图4-3 重庆汉邦设计公司作品

（2）古典中式风格的主要软装元素

①中式家具

中式家具是体现中式风格的重要因素，主要有案、桌、椅、床、凳、屏风、架、柜等，如图4-4~图4-6所示。

图4-4 中式家具（由装事儿科技供图）

图 4-5 中式家具（由装事儿科技供图）　　　　　　图 4-6 新波普＋新中式家具

②中式花板

中式花板是将传统的中式建筑结构（如窗格、花罩等），通过重新设计应用到室内空间的装饰板。它主要有浮雕与镂空两种形式，形状以正方形、长方形、八角形和圆形居多，常用于隔断或墙面装饰，如图 4-7 所示。雕刻题材一般以福禄寿禧、事事如意等吉祥图案为主，也采用线条优美的几何拼图。

图 4-7 重庆汉邦设计公司作品

③字画

在中式风格软装中，字画是用于表现书香气息的常见元素，常在书房、会议室或茶室等空间中运用，如图 4-8 所示。

图 4-8 重庆汉邦设计公司作品

2 中式苏派风格

中式风格除了在我国不同的历史时期呈现出不同的艺术气质之外，也因特殊的地域文化在不同的地域逐渐形成了不同的派别，中式苏派便是其中有代表性的一个。

素雅、精细是苏派风格的典型特征，与北方、中原地区的中式风格所传递的富丽堂皇、金碧辉煌、气派张扬的皇家风范有着明显的区别。苏州历来是富庶之地，重文轻武，文人多、武将少，因而形成了苏派风格。俗话说"相由心生"，室内软装设计也是如此。图 4-9 和图 4-10 所示为独立设计师徐鹏设计的苏派现代中式私人会所。

图 4-9 独立设计师徐鹏作品

图 4-10 独立设计师徐鹏作品

3 新中式风格

在中华民族伟大复兴的大背景下，国人的民族意识和自我意识逐渐复苏，"模仿"和"拷贝"已经不再是设计手段。设计师开始从传统文化中汲取营养，运用现代的设计思维与方法创造出含蓄秀美的新中式风格。中式元素与现代材质的巧妙兼容，明清家具、花板（格）与布艺床品的交相辉映，再现了移步换景的精妙小品。

中国风并非完全意义上的复古，而是通过中式风格来表达对清雅含蓄、端庄丰华的东方式精神境界的追求，如图 4-11 所示。

图 4-11 山点水设计事务所作品——嘉德庄园案例

传统家具（多以明清家具为主）、字画、匾幅、挂屏、盆景、瓷器、古玩、屏风、博古架等元素依然是新中式软装设计中的主角。但这些元素更多的是追求"神似"，因而在造型上进行简化以符合现代人的审美情趣及适应现代化的生产工艺。新中式风格依然遵循着中式传统空间布局，展现出传统的美学精神和修身养性的生活境界，如图 4-12 所示。

图 4-12 重庆汉邦设计公司作品

4.1.3 中式软装设计实践

中式设计重在传达一种意境，一种态度。中式设计是由内而外的，其外在的形式表现必须富有内涵。下面就通过一个设计案例带领大家洞悉中式软装设计的思维过程。

本方案由重庆汉邦设计公司罗玉洪先生设计，重在体现意念（文化理念）及由意念所衍生的中式意境。

方案首先对绿茶的历史进行了简单定位，以期展现历史的厚重感及绿茶源远流长的文化。同时，将抽象的理念转化为具象的设计元素及材料。

1 介绍绿茶的历史性及文化底蕴

★ 中国是世界上最早发现和利用茶树的国家。《神农本草经》中记载"神农尝百草，日遇七十二毒，得茶而解之。"另外，巴蜀地区还有以茶叶为贡品的记载。

★ 绿茶是历史上最早的茶类。古人采集野生茶树芽晒干并收藏，可以被看作是广义上的绿茶加工的开端，距今至少有上千年。

2 剖析绿茶的健康、环保生态和天然养生

★ 采集绿茶茶树新叶，未经发酵便杀青、揉捻、干燥，有清汤绿叶、滋味收敛性强的特点。

★ 绿茶能提神清心、清热解暑、消食化痰、去腻减肥、生津止渴、降火明目、解毒醒酒，对心血管病和癌症等有一定的药理功效，乃其他茶所不及。

3 推演出方案的主题色彩与材质

通过五行学说推演出方案的主题色彩与材质，以增加文化积淀，如图 4-13 所示。

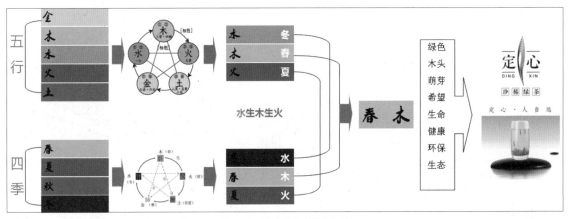

图 4-13 五行学说与主题的关系

4 展示方案的色彩比例与主要材质

方案中对茶空间所采用的主要材质进行了展示，据以体现环保、生态的概念，如图 4-14 所示。

图 4-14 材质展示

5 作出设计方案意向图

在前文分析的基础上，作出设计方案意向图，作为实施过程中的依据与指导。该方案为原创设计，本身没有复制和参考，其核心是基于思想的差异。

室外：简约大气，竖条形的灵感来源于竹，色调使用原木色，以体现生态、天然、环保、绿色、健康的设计理念，如图 4-15 所示。

图 4-15 室外设计效果图

室内：与室外一样简约大气，色调使用原木色与绿色进行搭配，如图 4-16 和图 4-17 所示。

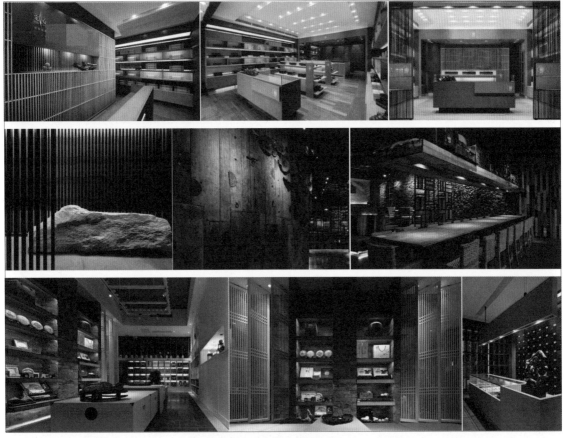

图 4-16 室内设计效果图（1）

图 4-17 室内设计效果图（2）

室内软装在细节上采用生态原木，通过日本枯山水的禅意、石头肌理的视觉冲击力引发观者对岁月的思考，同时利用竹元素和绿色植物墙很好地映衬了绿茶文化，如图 4-18~ 图 4-21 所示。

图 4-18 枯山水元素

图 4-19 木艺元素

图 4-20 石头肌理元素

图 4-21 绿植元素

图 4-21 绿植元素（续）

4.2 欧式软装设计风格

随着社会文明的发展，欧式风格也经历了多次变化和改进，既保留了最初的设计元素，又在不同时期加入了新元素、新工艺。目前欧式风格有一个非常庞大的设计体系，其中包括建筑结构、建筑构件、装饰界面、陈设用品及装饰色彩等多方面的内容。

4.2.1 欧式风格概述

欧式风格是常见的室内设计风格，因其宽敞、大气、华丽而广受人们的喜爱。在目前的室内设计装饰中，无论是家居空间还是公共空间，都常常能见到欧式风格的身影，如图4-22所示。

图 4-22 重庆青韦软装作品

欧式风格最早起源于古埃及、古希腊及古罗马。在漫长的岁月中，早期的欧洲人逐步建立起稳定的建筑及室内装饰风格，为日后丰富的欧式设计风格奠定了坚实的基础，也为当今的人们设立了一种审美标准。

在设计时可以混合使用不同时期欧式风格的特征和元素，如果对某个时期的元素有特别的偏好也可以单独使用。

欧式风格因其流动的线条、华丽的色彩和浪漫的形式而受到众多设计师的青睐。设计中常用的装修材料有大理石、花岗石及色彩丰富的织物等，整体风格尽显奢华，充满强烈的动感效果。

4.2.2 欧式风格细分

欧洲不同国家的不同历史时期有着不同的艺术倾向，每一种艺术倾向在色彩选择与软装元素上又有着各自的特点并独立为一种设计风格。因此，准确把握欧式风格的分支也是软装设计师的必修课。

1 古希腊风格

古希腊是欧洲文化的发源地，古希腊建筑是欧洲建筑的先河。其建筑风格的典型代表为雅典卫城，著名的帕特农神庙就是其中的一部分。

根据帕特农神庙遗址，可以分析出古希腊建筑风格具有以下特点。

（1）黄金分割比例

黄金分割比例(1:1.618)被认为是最美的结构比例,古希腊建筑无论是雕刻还是其他作品都以此为最佳标准。黄金分割比例源于人体的比例(如以肚脐为界线,肚脐到头顶的长度与肚脐到脚底的长度之比),如图 4-23 所示。

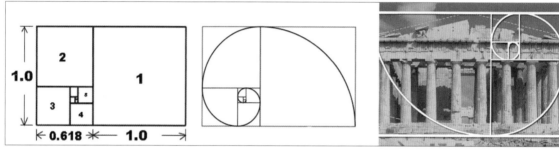

图 4-23 黄金分割比例示意

（2）优美的希腊柱式

希腊柱一般被称为罗马柱，柱式也来源于人体的比例，如图 4-24 所示。

图 4-24 从左至右分别是多立克柱式、爱奥尼克柱式、科林斯式柱式和女郎雕像柱式

建筑的双面披坡屋顶形成了建筑前后山花墙装饰的特定手法，如圆雕、高浮雕、浅浮雕等，成为一种独特的装饰艺术。雕刻是古希腊建筑的一个重要组成部分，它创造了完美的古希腊建筑艺术，也使古希腊建筑显得更加神秘、高贵、完美与和谐。

2 庞贝式风格

庞贝式风格来源于庞贝古城。这座历史悠久的古城位于意大利南部那不勒斯附近，维苏威火山西南脚下 10 公里处，始建于公元前 6 世纪，毁于一场火山大爆发。正是由于火山爆发的一瞬间将整个庞贝城掩埋在火山灰下面，灿烂的古罗马庞贝文化才得以保存，如图 4-25 所示。

图 4-25 庞贝古城遗址

庞贝时期的居室非常奢华，地面大多用大理石铺装，古罗马神话的精美壁画以及古罗马式的银制餐具、器皿、铜镜、首饰、雕塑和七彩地砖等无不诉说着古罗马文明的灿烂与辉煌。除了品位较高的室内装饰外，还有雅致的壁画、池塘与庭院，种有荷花的宽阔的厅堂，由此可见讲究品质的家居生活其实在两千多年前就已经深入人心。

3 拜占庭风格

拜占庭即现在土耳其的伊斯坦布尔。在隆隆滚动的历史车轮下，拜占庭文明最终被碾成碎片，继而拼合成一种融合了东西方古典艺术的抽象风格，被应用到设计领域当中。

拜占庭风格展现出东西方文化交会而成的复古与华贵。在建筑设计当中，拜占庭风格的特征大致表现为建筑中心的圆形穹顶、四边的发券、绚烂的色彩和华贵的花纹。当拜占庭风格被运用在室内设计中时，注重变化又高度统一的配色和复古华贵的陈设则成为设计重点，如图 4-26 所示。

图 4-26 拜占庭风格装饰

无比尊贵的金、冷静睿智的黑、热情灵动的红和正义神圣的蓝延续了拜占庭艺术色彩美学。家具样式的设计将拜占庭时期的教堂拱窗、铜灯和繁杂蜿蜒的建筑线条等元素运用得淋漓尽致。陈设方面的设计无视东方和西方、古典和现代的边界，充满了拜占庭艺术对差异的包容。图 4-27 为拜占庭风格软装提案的色彩及元素分析图。

图 4-27 重庆信实公司作品

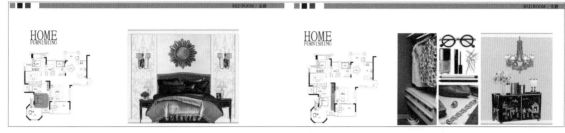

图 4-27 重庆信实公司作品（续）

4 哥特式风格

哥特式风格是 13 ~ 15 世纪流行于欧洲的一种建筑风格，它通过卓越的建筑技艺表现神秘、哀婉、崇高的强烈情感，常被用在欧洲主教座堂、修道院、教堂、城堡、宫殿、会堂及部分私人住宅中。其显著的特征是在一根正方形或矩形平面四角的柱子上做双圆心骨架尖券及高耸的尖塔，大窗户及绘有圣经故事的花窗玻璃都十分具有代表性。在设计中，利用尖肋拱顶、飞扶壁和束柱营造出轻盈修长的飞天感，如图 4-28 所示。

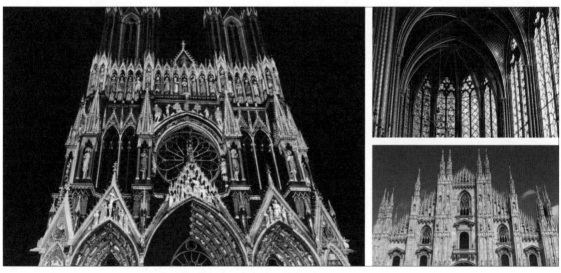

图 4-28 哥特式教堂

5 巴洛克风格

巴洛克风格盛行于 17 世纪的欧洲，并且在欧洲各地产生了非常深远的影响。巴洛克风格打破文艺复兴时代追求整体造型的思路，对造型进行夸张、扭曲的变形，重点强调线条的流动和变化等特点，利用繁多的造型装饰空间，力求达到庄重华丽、气势恢宏、富于动感的艺术境界，如图 4-29 所示。

图 4-29 巴洛克风格装饰

6 洛可可风格

洛可可风格是继巴洛克风格之后，发源于法国并很快遍及欧洲的一种艺术样式，是在巴洛克艺术基础上升华的结果。与巴洛克风格装饰元素能体现出豪华、雄伟、奔放的男性特点明显不同，洛可可风格显得柔婉、纤细、轻巧。尽管欧洲各国的洛可家具略有不同，但均以不对称的轻快纤细曲线著称，并以其回旋曲折的贝壳形曲线和精细纤巧的雕刻装饰为主要特征，以纤柔的外向曲线和弯脚为主要造型基础，在吸收中国漆绘技法的基础上形成了既有中国风味又有欧洲特点的表面装饰技法，堪称家具历史上装饰艺术的最高成就，如图4-30所示。

图4-30 洛可可风格装饰

7 英伦风格

英伦风格实际上是指英式风格，源自英国维多利亚时期，以自然、优雅、含蓄、高贵为主要特点。

英伦风格并没有明确的定义，甚至在我国大陆和港澳台地区的解释都不一样。比较一致的定论是，英伦风格的最大特点即有英国君主制的特色。

下面就英伦风格室内设计提供几点参考意见。

★ 英伦风格讲究优雅、和谐，可以将桃花心木作为家具常用材质，加之对欧式线条与英伦风格木质嵌花图案的运用，使空间显得沉稳、典雅，充满浓浓的古典韵味。

★ 英伦风格大多简洁大方，色彩纯洁自然，注重空间布局的对称之美，配上英式花卉或条纹，即展示出英式味道。

★ 软装设计中一定要有英伦风格的代表物件，如漂亮的格子、仿古砖、英式胡桃木雕刻家具和油画等，如图4-31所示。

图 4-31 成都迪纳尔软装设计公司作品

8 法式风格

　　一提到法国，人们的脑海中立刻会涌现出慢生活、咖啡、普罗旺斯的薰衣草、塞纳河、葡萄庄园、红酒……一幅幅唯美的画面让人心向往之，法国的浪漫已经深入人心。图 4-32 所示为法式风格室内装潢的典范。

图 4-32 北京九形至桁建筑装饰设计有限公司作品

法式风格有以下几个突出的特点。

法式风格强调对称，通过精巧的雕花、法式廊柱和线条突出法式空间的高贵与典雅。

荷绿色、紫罗兰色、法式蓝色等和谐统一的色彩，配饰上运用鎏金、水……浪漫的法式空间。

……样的帷幔和窗帘的装饰作用突出。

……过重，这与其源于宫廷风格是分不开的。法式风格的室内装饰在摆设……色、灰绿色、灰蓝色等柔和优雅的女性化色彩。

……的部分页面。

图 4-33 重庆信实公司设计作品

……措艺术。新古典时期常用的材料有胡桃木、桃花心木、椴木和乌木等，常用……瓷及金属等，常见装饰题材有玫瑰、水果、叶形、火炬、竖琴、壶、希腊柱头、……环绕"N"字母的花环、月桂树、花束、丝带、蜜蜂及与战争有关的艺术品等。

……协调，造型精练朴素，不做过于烦琐的雕刻，摒弃了巴洛克式的图案与奢华的……家具表面以平面居多，旋涡面少，其轻盈、流畅的造型和朴素、精巧的装饰令……

……搭的设计作品。

图 4-34 张霖作品

图 4-34 张霖作品（续）

10 北欧风格

北欧风格分为 3 个不同的流派：瑞典设计、丹麦设计和芬兰现代设计。

北欧风格崇尚简洁，对后来的极简主义、后现代等风格影响颇深。在 20 世纪工业设计的大浪潮中，北欧风格的简洁被推崇到极致。北欧风格充满现代感，同时具有乡间质朴与自然之风。

图 4-35 所示为可用于北欧风格装饰的产品。

图 4-35 可用于北欧风格装饰的产品

图 4-35 可用于北欧风格装饰的产品（续）

北欧风格室内设计结构简单实用，没有过多的造型装饰。其原始石材表面及木纹暴露在外，将木材的柔和色彩、细密质感及天然纹理非常自然地融入家具设计之中，同时又充分体现出现代钢木结构在室内空间中的应用，达到了现代与古典相结合的效果。

图 4-36 所示为北欧风格室内设计。

图 4-36 北欧风格室内设计

11 田园风格

一提到田园风格，大多数人可能会想到英式田园、美式田园风格。其实田园风格是一种回归自然、返璞归真的生活向往与追求，力求表现悠闲、舒适、自然的田园生活情趣。其在色彩上多倾向于绿色、蓝色等自然的色调，碎花（或其他植物元素）布艺和地毯是田园风格较常使用的元素。

在进行田园风格设计时，不同的风格有其自身的特点。

（1）英式田园风格

英式田园风格的家具多以白色为主，如奶白、乳白、象牙白等，采用桦木、香樟木等木材做框架，造型优雅，细节精致。英式田园风格家居的特点主要体现在华美的布艺上，布面花色秀丽，多以纷繁的花卉图案为主，如图4-37所示。碎花、条纹、苏格兰图案是英式田园风格的永恒主调。

图4-37 川豪装饰作品

（2）美式田园风格

美式田园风格依然保留着美式风格成熟稳重的一贯特点，在选材上多倾向于坚硬、光挺、华丽的材质。美式田园风格突出清婉惬意的格调、休闲雅致的外观，色彩以淡雅的板岩色和古董白居多。

美式田园风格的家具通常线条简约，体积粗犷，颜色淡雅。它摒弃了烦琐与奢华，兼具古典主义的造型与新古典主义的功能，既简洁明快，又便于打理。图4-38所示为万业紫辰苑202m²美式田园风格装修设计。

图4-38 上海实创装饰作品

（3）法式田园风格

法国人轻松惬意、与世无争的生活方式使得法式田园风格具有悠闲、小资、舒适、简单及生活气息浓郁的特点。

法式田园风格最鲜明的特征是家具的洗白处理及配色的大胆鲜艳。做旧家具漆流露出古典家具的隽永质感，黄色、红色、蓝色的色彩搭配表现出丰沃、富足的大地景象，而简化的卷曲弧线及精美的纹饰则体现出优雅的生活。图4-39所示为法式田园风格室内设计。

图4-39 设计师 jimhe 作品（图片来源于建 E 网）

（4）中式田园风格

中式田园风格以黄色为主，木、石、藤、竹、织物等天然材料在空间中应用比较多，软装中常有藤制品、绿色盆栽、瓷器、陶器等摆设。软装陈设吸取传统装饰的特点，去掉多余的雕刻，更多追求的是"神似"，以折射出传统文化内涵。图4-40所示为中式混搭田园风格的设计作品。

（5）南亚田园风格

南亚田园风格的家具显得粗犷，材质多为柚木、藤及热带雨林的特有材料（如椰壳等），通过做旧工艺更显自然。同样，砖、陶、木、石、藤、竹等是南亚田园风格的常用材质。织物以棉、麻等天然材质为主，其质感正好与乡村风格不事雕琢的追求相契合。图4-41所示为重庆第六空间摩缇家具的摆场，具有南亚田园的感觉。

图4-40 设计师胡宏作品   图4-41 摩缇家具（重庆第六空间）

4.3 托斯卡纳风格

托斯卡纳是意大利的一个大区，它的首府是佛罗伦萨。托斯卡纳拥有美丽的风景和丰富的艺术遗产，被认为是文艺复兴的发祥地，涌现出乔托、米开朗基罗、达·芬奇、但丁和拉斐尔等世界一流的艺术家。

托斯卡纳风格追求简朴、自然与优雅，洁白的白垩石、午后的阳光、红色的土壤、浓密的森林、碧绿的牧场、晶莹剔透的葡萄、橄榄树果园、基安蒂红酒以及鲜红的番茄，都赋予托斯卡纳以色彩。

托斯卡纳建筑风格是一种田园式园林风格，密阴、喷泉、壁饰、庭院、铁艺、百叶窗和阳台甚至隔墙上的藤蔓，都蕴含着托斯卡纳风格的精髓。

图4-42所示为典型的托斯卡纳风格混搭的室内设计作品。

图4-42 比阁设计作品

4.4 日式风格

日式室内设计朴素自然，追求淡雅节制、深邃禅意，原木、竹、藤、麻和其他天然材料在日式风格中比较常用。

日式风格家居强调的是自然色彩的沉静和造型线条的简洁，通常用"枯山水"及古色古香的和风面料将宁静、悠远的禅意表达得恰如其分。

米色、白色和原木色是日式风格的典型色彩搭配。传统日式家具以简洁淡雅为主，原木色家具与日式陈设的搭配营造出闲适写意、悠然自得的氛围，如图4-43所示。

图4-43 员方瑜伽（主创设计：黄灿；参与设计：汪骏）

4.5 东南亚风格

东南亚风格源于热带雨林的自然之美,加上东南亚强烈的民族特色、斑斓高贵的色彩,受到众多人的喜爱。图 4-44 所示为东南亚风格的元素。

图 4-44 东南亚风格元素

东南亚风格最大的两个特点是取材于自然和色彩斑斓,质朴中透着热烈与神秘。原木、竹、藤、椰树皮等天然材质加上简洁流畅的线条,拙朴中透着禅意。热带气候闷热潮湿、沉闷压抑,因此在软装设计中采用夸张艳丽的色彩,以期打破视觉上的沉闷感。当然这些色彩都源于东南亚地区独特的热带雨林,如金黄的沙滩、碧绿的椰树、湛蓝的天空……

东南亚别具一格的装饰品,使其魅力大增。明黄、果绿、粉红和粉紫等色彩鲜艳的靠垫或抱枕配上原木色家具,加之纯手工的竹、藤工艺品,再用麻绳或草编织的花篮进行点缀,使整个空间质朴中透着高贵。图 4-45 所示为中建江山壹号 365m² 住宅样板房。

图 4-45 伊派设计作品

东南亚风格软装有以下特点。

★ 取材上以柚木等实木为主,藤编在家具中比较普遍,常用的饰品与材质有泰国抱枕、砂岩、黄铜、青铜、木梁和窗落等。

★ 东南亚风格的窗帘、布艺颜色相对较深,色彩也比较绚丽。

★ 东南亚饰品风格富有禅意,自然而清新。

4.6 地中海风格

地中海因其丰饶的物产、漫长的海岸线、丰富多样的建筑样式及充足的日照，形成了独特的地域特色。白色村庄、沙滩、岩石、泥土、碧海和蓝天，这些自由奔放、明亮透彻、干净纯美的元素组成一幅唯美的画面。

地中海风格软装的美，一如地中海的优美风景，呈现给人们的是"海"与"天"明亮的色彩、洁白如洗的墙面、芬芳多彩的花朵、悠久的历史，以及土黄色与红褐色交织而成的强烈民族色彩。图4-46所示为地中海风格的元素。

图4-46 地中海风格元素

蓝色是地中海风格的标志色，可配以黄、白、红等色彩。地中海风格崇尚自然，因而常见爬藤类植物。另外还可以用蓝色漆将家具或墙面做旧，体现一种风吹日晒的岁月痕迹，给人以朴实、自然、清新而唯美的感觉。图4-47所示为绿地博览城地中海样板房。

地中海风格软装具有以下特点。

★ 家具常用擦漆做旧的手法，搭配应用贝壳、鹅卵石、海星和珊瑚等海洋元素，表现出自然清新的生活氛围。

★ 运用自然的原木、天然的石材，有时也用蓝白相间的马赛克打造浪漫自然的家居空间，拱门、半拱门与马蹄形窗是常见的装饰造型，给人以延伸的透视感。

★ 饰品以自然的元素为主，如藤椅、吊篮、纯棉和麻布等。

★ 以蓝色、白色、黄色和褐色为主，色彩明亮、干净。

图 4-47 陈志山作品

4.7 摩洛哥风格

摩洛哥风格也称为 Mix&Match（随意搭配的风格）。

摩洛哥位于非洲的最北端，靠近地中海，是距欧洲最近的非洲国家，北边与西班牙隔海相望。在摩洛哥，阿拉伯文化与新潮的西方文化并存，从而造就了十分迥异的摩洛哥风格。色彩鲜艳、装饰华丽的彩色陶瓷，精雕细琢的金属工艺品都是摩洛哥风格的典型特征。图 4-48 所示为摩洛哥风格的元素。

图 4-48 摩洛哥风格元素

摩洛哥的建筑独具特色，雕花油漆木门及垂直、尖拱元素在摩洛哥风格中很常见。地板用陶瓷或大理石碎块拼成各种图案，室内空间大胆运用高纯度的红色和绿色，软装陈设则常用鲜艳的色彩如亮蓝色、紫色、天蓝色、红色、粉红色和绿色。色彩丰富的马赛克、镂空金属板制作的灯笼、华丽的彩色陶瓷、精雕细刻的金属器皿及镶嵌工艺精湛的陈设品都是摩洛哥风格软装常用元素。图 4-49 所示为摩洛哥风格室内设计作品。

图 4-49 北京恒安德别墅装饰有限公司作品

4.8 现代风格

现代风格是工业社会发展的产物，起源于 1919 年包豪斯学派，提倡突破传统、创造革新，重视结构、材质、色彩的美，将"形式美"推到一个新的高度。

现代风格室内设计造型简洁，反对多余装饰，强调形式感，重视陈设品与空间的色彩对比与调和，使新材料在空间中得到不拘一格的应用与释放。抽象构成手法在空间的"软装"与"硬装"中彼此呼应，造型上多采用几何结构，追求简约时尚之美，如图 4-50 所示。

图 4-50 北京九形至桁建筑装饰设计有限公司作品

在现代风格的基础上又派生出一些风格，比较典型的有波普风格、Art Deco 等。

4.8.1 波普风格

波普风格诞生于20世纪50年代中期的英国，又称"新写实主义"和"新达达主义"。它通过塑造那些夸张的、视觉感强的、比现实生活更典型的形象，用一定"烈度"的高纯度色彩来表达形式上的异化及娱乐化的表现主义倾向。图4-51所示为波普风格的元素。

图 4-51 波普风格元素

"波普"设计运动是一个形式主义的设计风潮，由于违背了工业生产的经济法则、人体工学原理等很快就衰退了，但是对形式的探索还是有积极意义的。

波普风格表现的核心为图形、图案。1964年在以英国设计师穆多会（Peter Murdoch）为代表的设计师兴起"用后即弃"产品设计，产品表面常饰以波普图案的纸板，如儿童椅、耳环、手镯等，甚至纸质的衣服也流行一时。克拉克（Paul Clark）在同一年设计了一系列风靡一时的波普消费品，包括钟表、杯盘、手套及小饰物等。

波普风格追求新颖、怪异，所以色彩的鲜艳夺目与变化无常是波普风格的特点。波普风格化解了现代主义的紧张感和严肃感，其产品造型、表面装饰和图案设计都让人眼前一亮。

波普风格软装设计使用大量色泽鲜艳、造型感强的波普风格家具及装饰品，充分展现出前卫、时尚的个性。波普风格并非适合所有人群，太过热烈的背景色及强烈的色彩对比对于喜欢安静的人来说是一种挑战，如图4-52和图4-53所示。

图 4-52 波普风格室内设计

图 4-53 设计师张丽作品

4.8.2 后现代 Art Deco 风格

Art Deco 即装饰艺术风格，它起源于法国，在美国得到兴盛发展。Art Deco 风格在 20 世纪美国摩天大楼中的充分应用，使纽约成为世界 Art Deco 艺术的中心。

Art Deco 风格建筑多用塔楼式退台，同时有对称的构图、水平与垂直的线条、浮雕、圆弧造型及经典的材质等。图 4-54 所示为 Art Deco 建筑元素。

图 4-54 Art Deco 风格

Art Deco 装饰元素的主要特征如下。

★ 既有高贵与古典的气质，又有大胆的几何形状，同时还运用重复、渐变、发射等现代构成手法。

★ 不乏鲜亮的颜色，追求华美与光亮，金属材质、古铜色、金属色、蓝色、红色和橘色等都得到很好的应用。

★ 既反对完全的形式主义，也反对中世纪的复古运动。

★ 强调图案的强化作用，运用基本的几何形体通过对称、渐变、发散等手法，创造出华丽、复杂的装饰图案，常用在地毯、天花及装饰品中。

★ 善于从古典及其他文化中吸取营养，如哥特式风格、古典欧式风格、印第安风格、中式风格等。另外，还可以见到哥特风格的尖拱和飞扶壁、古典欧式的柱式和印第安图案等。图 4-55 所示为 Art Deco 风格创意图案。

图 4-55 Art Deco 风格创意图案

　　图 4-56 所示为运用了 Art Deco 装饰风格元素的室内设计作品。特殊的多面反射设计，形成别致的、奢华的视觉效果。沙盘上层层叠叠的花瓣主题吊灯给人带来愉悦的感受，也表达了对美好生活的向往。地面采用的黑白经典 Art Deco 几何图案，让空间兼具经典和摩登的特性。大堂上空极具特色的金色艺术玻璃管吊灯，成为室内空间中的点睛之笔。

图 4-56 北京九形至桁建筑装饰设计有限公司李漫林作品

图 4-56 北京九形至桁建筑装饰设计有限公司李漫林作品（续）

　　Art Deco 风格的家具与 Art Deco 图案一样结合了机械美学，运用机械式的、几何的、纯粹装饰性的线条来表现。它常用到的有扇形辐射状的太阳光、齿轮或流线型线条和对称简洁的几何图形等，同时远东、中东、希腊、罗马、埃及与玛雅等古老文化的物品和图腾也是 Art Deco 装饰造型的灵感来源之一，如图 4-57 所示。

图 4-57 Art Deco 软装元素

4.8.3 太空舱风格

　　科技发展日新月异，人类对未知领域的探索将永无止境。太空充满了神秘感，让人类产生了无尽的想象。

　　太空舱既充满科技元素，又简洁时尚。太空舱风格设计以太空飞船为蓝本，运用流畅的线条、洁白的亚克力材料及几何元素打造出具有"时光隧道"感的创意空间，让人身在其中有一种翱翔太空的感觉，从而着迷不已。

　　太空舱风格设计色彩以黑、白、灰等无彩色为主，陈设则多以简洁、充满科技感的几何形为主，如图 4-58 所示。

图 4-58 陈朝辉作品

05 软装元素之家具

家具多指衣橱、桌子、床、沙发等大件物品，是一个空间的风格倾向、品格、品位的决定性因素。家具能够深刻反映出在特定历史时期下某一地域的风格特征，以及这一时期的社会生产力发展水平和生活方式。

家具是软装设计中最重要的元素。在软装设计过程中，首先要考虑家具的选择与配置，然后考虑其他元素与它的搭配。所以研究家具是软装设计师的重要一课，而了解家具的材料和外观形式方面的因素则是重中之重。

5.1 家具发展简史

家具在不同文明领域、不同历史时期有着自己独特的形式和特定的历史烙印，并且所用材料、选择颜色和制作工艺都有所不同。设计师只有在深入了解其特征的基础上，才能使软装作品散发出灿烂的光芒。

5.1.1 东方家具发展简史

中国历史源远流长，各个时代都有极具代表性的特色家具制作工艺。下面就来了解一下中国各个历史时期家具的特点。

1 春秋战国和秦汉时期家具

春秋战国时期的漆木家具装饰技法多样，有彩绘和雕刻等手法，如河南信阳长台关出土的彩绘木床和雕花木案装饰纹样都很丰富，为后来汉代漆木家具的发展奠定了基础。几、案、床等大型漆木家具大多采用框架结构，以榫卯连接。这一时期的家具多以矮型家具为主，如图5-1和图5-2所示。虽然早期的家具已经不符合现代人的生活习惯，而且在一般的家居软装中几乎用不到，但一些需要表达特定历史氛围的展示性空间，仍然可以通过定制的方式呈现出来。

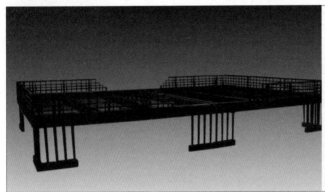

图5-1 左图为河南出土的彩绘漆大床，右图为曾侯乙墓出土的浮雕兽面纹漆木案

图5-2 左图为战国时期的铜案，右图为战国墓出土的彩绘俎

秦汉时期处在封建社会的发展期，在建筑、雕塑、绘画等领域造就了辉煌的艺术成就。其建筑与家具都比较简洁，沉稳中透出一种霸气。秦汉时期人们的生活习惯是席地而坐，所以主要采用低矮型家具。根据不同的使用功能，可以将这一时期的家具分为几、案、俎，常见的有席子、漆案、木案、铜案、陶案、漆几和俎几等。图 5-3 所示为仿秦汉风格设计的家具。

图 5-3 仿秦汉风格家具

2 唐代家具

唐代家具产生于隋唐五代时期，同时出现了新式高型家具的完整组合。典型的高型家具如椅、凳、桌等，在这一时期的上层社会中非常流行。唐代家具具有高挑、细腻、温雅的特点，以木质家具居多，装饰上采用细致的雕刻、精巧的描绘，无不体现出唐朝盛世的富贵华丽。图 5-4 所示为仿唐代家具。

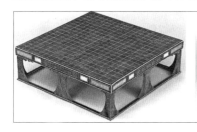

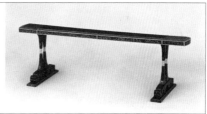

图 5-4 仿唐代家具

下面为大家介绍几种唐代常用家具。

★ **板足案**：案面呈长方形，四边有拦水线，下有两足板状腿，是一种进餐用的食案。图 5-5 所示为仿唐板足案。

★ **翘头案**：案面为长方形，两边呈翘起状，可作书桌用，现代陈设设计中多用于放置摆件。图 5-6 所示为仿唐翘头案。

图 5-5 仿唐板足案

图 5-6 仿唐翘头案

★ **曲足案**：案面为长方形，曲腿之下有横木承托，比较矮。

★ **撇脚案**：造型极为特殊，案面两端卷起上翘，有束腰，4条腿上端膨出，顺势而下，形成4只向外撇的撇脚，腿的上端有牙条，前后有拱形画枨。

★ **三彩柜**：有4只较细的兽面腿，柜顶盖已经加大为整个柜盖，身有花饰，很是秀气，由汉代柜子发展而来，如图5-7所示。

图5-7 三彩柜

★ 唐代家具还有平台床、箱式床、屏风床、独坐榻、方凳、月牙凳、几、屏风、墩、椅、桌等。从图5-8所示的唐代绘画《韩熙载夜宴图》及图5-9所示的刺绣图可以看出唐代家具风格的一些特点。

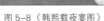

图5-8《韩熙载夜宴图》

图5-9 唐代刺绣图

3 明代家具

大多数家具研究者都喜欢把明清时期的家具作为一个整体来讨论，但明清家具的特点区分明确，其艺术特点也有所不同，所以这里对这两个时期的家具分别进行探讨。

明代是我国家具史上的黄金时代，这一时期的家具典型地体现了中国家具造型巧妙、装饰华丽、工艺精细、材料丰富等特点，并且善于提炼、精于取舍，已达到功能与美学的完美配比，隽永耐看。明代家具继承了唐代家具的传统，并在此基础上作了改进，其轮廓极为讲究线条美，雕刻手法以浮雕最为常用。总的来讲，唐代家具具有以下特点。

★ 讲究功能，注重人体尺度与家具之间的关系，注重内容和形式的统一。

★ 讲究在比例协调、形体统一中还有变化，繁简之间关系得当，注重外形的优美、干净、利落，家具整体上显得庄重、典雅。

★ 对榫卯结构的应用达到一个较高的境界，衔接合理，用材考究，色彩质地自然，做工精细，注重和谐。图5-10和图5-11所示为仿明代家具样式。

图5-10 仿明式木椅

图 5-11 仿明式桌椅

4 清代家具

清朝时期由于满汉文化的融合，加之受到西方文化的影响，逐渐形成了注重风格形式、崇尚华丽气派的家具风格。为了追求富贵奢华的装饰效果，透雕、描金、彩绘、镶嵌成为清代家具最常用的装饰手段，装饰图案以吉祥图案最为常见。这一时期的家具特点总结如下。

★ 装饰手法上用玉石、贝壳、珐琅、陶瓷和文竹镶嵌。雕刻、填漆和描金手法的大量应用使得家具外观华丽、烦琐，显得沉重而不俊秀，且太注重技巧以致忽略了家具本身的功能与结构的合理性。

★ 借用西方装饰元素，如海贝、花瓶栏杆、蜗形扶手、兽爪等，如图 5-12 所示。

图 5-12 清代家具的雕刻

5.1.2 西方家具发展简史

欧式家具是欧式风格装修中重要的表现元素，以意大利、法国和西班牙式的家具为主要代表。通常欧式家具的轮廓和转折部分都由对称而富有节奏感的曲线或曲面构成，常用镀金、铜饰、仿皮等装饰手法，造型简练、线条流畅、色彩绚丽，极具艺术美感，给人以华贵优雅的感觉。欧式家具主要经历了以下历史时期。

1 古罗马、中世纪时期

古罗马时期的家具装饰具有坚厚凝重的特征，体现出一种男性化的风格。这一时期的家具主要由不易燃烧的材料制作，如石材、铜、铁等，装饰手法有雕刻、镶嵌、绘画、镀金、贴薄木片和油漆等。圆雕是其常用的雕刻手法，内容包括人、狮子、胜利女神、花环桂冠、天鹅头、马头、动物脚、动物腿和植物等。

古罗马家具上较常见的图案是莨苕叶形，这种图案的关键在于叶脉的雕琢，看起来高雅、自然。另外，也用旋涡形装饰家具。

拜占庭艺术是这一时期杰出的代表，但几乎没有完整的家具留传下来，我们只有通过类似图 5-13 和图 5-14 所示的拜占庭艺术去领悟家具的瑰丽。

图 5-13 拜占庭风格首饰　　　　　　　　　　　　图 5-14 拜占庭风格服饰

　　中世纪时期具有最高艺术成就的是哥特艺术，意大利文艺复兴时期的学者把公元 12 世纪到文艺复兴初期的一段时间称为哥特艺术时期。哥特式家具的主要特征在于层次丰富和精巧细致的雕刻装饰，最常见图案的有火焰形、尖拱、三叶形和四叶形等，如图 5-15 所示。

图 5-15 哥特式家具

2 文艺复兴时期

　　这一时期的家具受建筑及室内装饰的影响较大，外形厚重端庄，线条简洁严谨，立面比例和谐，较多采用雕刻、镶嵌、绘画等手法，如图 5-16 所示。

图 5-16 文艺复兴时期家具及家具上的雕刻

3 巴洛克时期

巴洛克是 17 世纪风靡欧洲的一种宫廷风格。"巴洛克"最早来源于葡萄牙语，意为"不圆的珍珠"。

当巴洛克风格成为宫廷、贵族的宠儿时，追求华丽、烦琐和精美便成为其主要特征。这一时期的家具细部、镜框、画框、吊灯及日用器皿常常带有雕刻和镀金，极尽烦琐之能事。

巴洛克风格追求动感，尺度夸张，喜欢硕大、鼓形。如图 5-17 所示的床头柜及床形成了一种极强烈、奇特的男性化装饰风格，与后来洛可可风格女性化的细腻娇艳形成鲜明的对比。

图 5-17 巴洛克时期家具

4 洛可可时期

洛可可风格家具于 18 世纪 30 年代逐渐代替了巴洛克风格家具，也称为"路易十五风格"。洛可可风格家具将精致的艺术造型与舒适的功能效果巧妙地结合在一起，通常采用优美的曲线框架，配以织锦缎，并采用珍木贴片和表面镀金装饰，使得这些家具体现出这一时期特有的华贵，同时在实用性上也达到了极高的境界，如图 5-18 所示。

图 5-18 洛可可风格家具

5 工业时期

　　工业革命的兴起，极大地推动了社会经济的发展和科学技术的进步。19世纪后半叶，在科学理论的指导下，技术发明层出不穷，工业革命进入了一个新的发展阶段。现代家具的生产由机器代替手工业，在现代设计思想的指导下，根据"以人为本"的设计原则，摒弃了奢华的雕饰，提炼出抽象的造型，在设计上则力求简洁以便生产。由于科技的进步，现代家具在材料方面也得到极大的延展，家具从木器时代演变为金属时代和塑料时代。图 5-19 所示为运用新材料制作的现代家具。表 5-1 所示为中式风格家具与样式。

图 5-19 现代家具

表 5-1 中式家具风格与样式

家具名称	家具样式	特点
黄花梨西番莲纹扶手椅		中西合璧式的家具，采用中国传统工艺制作，在雕刻部分融入西式图案。黄花梨西番莲纹扶手椅就是我国清代宫廷家具的典型代表（西番莲是西洋纹饰的代表）
明代玫瑰椅		我国明代扶手椅中常见的款式。在各种椅子中属于较小的一种，用材纤细，造型小巧美观，多由黄花梨木制成，其次是铁梨木，用紫檀木制作的较少

续表

家具名称	家具样式	特点
明代官帽椅		典型的明式家具，其造型简练，却法度严谨、比例适度，分为两出头和四出头
明代黄花梨交椅		因下身椅足呈交叉状，故而得名。交椅起源于古代的马扎，也可以说它是带靠背的马扎
清代紫檀嵌粉彩席心椅		座面方直，四围攒框，靠背中间镶嵌有带粉彩工艺的瓷片，使家具更具艺术审美价值。座面下有束腰，4条腿为直腿
清代太师椅		起源于宋代，在清代得到发展，最能体现清代家具的造型特点。它体形宽大，靠背与扶手连成一片，形成一个三扇、五扇或是多扇的围屏
清代圈椅		造型圆润、丰满，起源于宋代，最明显的特征是圈背连着扶手，从高到低一顺而下；可使坐靠者的臂膀倚在圈形的扶手上，十分舒适
明代笔梗椅		将靠背椅的靠背背板转换成若干根圆梗排列而成。明式家具中多见的是梳背椅，故也有把笔梗椅误称梳背椅的。梳背椅的靠背由木条均匀满排，而笔梗椅则设有虚背部分不排木条

续表

家具名称	家具样式	特点
明代梳背椅		椅子的后背部分用圆梗均匀排列的一种靠背椅
明代紫檀束腰鼓腿		此为有束腰家具的常见形式之一，名曰"鼓腿膨牙"式。"鼓腿"是说凳腿向外鼓，"膨牙"是说牙子向外膨出。足下端向内兜转，形成内翻马蹄。牙条与腿足相交处常安装角牙，以加强连接
红木蝠云纹圆桌圆凳		圆凳的腿足有方足和圆足两种，方足的多做出内翻马蹄、罗锅账或贴地托泥等式样，凳面、横枨等也都采用方边、方料；圆足的则以圆取势，边棱、枨柱及花牙等皆求圆润流畅
八仙桌		中华民族传统家具之一，桌面呈正方形，每边可坐2人，四边围坐8人，民间雅称八仙桌
明代紫檀长桌		此桌通体光素，不加雕饰，材美工精，充分体现了明式家具清朗俊秀的风格特色
清代宝座		据清代内务府造办处活计档和奏销档记载，清宫皇家"造办处"下属的作坊曾为宫廷生产了大量宝座，如雕漆宝座、楠木宝座、紫檀木宝座、鹿角宝座、金漆龙纹宝座等。这些宝座大多采用名贵的木材和特殊的质料制成，工艺水平极高

续表

家具名称	家具样式	特点
紫檀灵芝几形画案		除桌面外，通体雕饰灵芝纹，刀法精致，雕饰繁复。常规尺寸为高84cm、长171cm、宽74.4cm。案有束腰，腿足向外弯后又向内兜转，两侧足下有托泥相连，托泥中部向上翻出灵芝纹云头
明代黄花梨酒桌		主要是在饮酒时使用，为它蒙上黄云缎桌围，摆上精美藏品，可称为宝案。桌面为长方形，桌腿多为直线型，腿间设二横枨，边缘起阳线。此桌部件容易损毁或丢失，故完整传世的较少
明代黄花梨四足八方香几		高103cm，几面为攒边打槽装板做成八角，托泥为长方形四角。托泥下又有4只小足支撑，形成上下对比。此几比一般香几要高，挺秀雅致，非常罕见
明代黄花梨炕桌		常规尺寸为长129 cm、宽69 cm、高23 cm。炕桌是矮形桌案的一种，多在床上或炕上使用。此炕桌有束腰，冰盘沿，牙腿起阳线，内翻马蹄，牙条上壶门弧线圆转自如，整桌造型简洁明快
清代插屏		插屏一般都是独扇，既有装饰作用，也有挡风和遮蔽作用。插屏画芯常有雕刻、刺绣等，题材以山水、风景居多，材质一般有缂丝、竹雕、紫檀、青白玉、镶嵌瓷板等
明代黄花梨万历柜		该柜高187cm，上层为亮格，有背板，券口、栏杆上都有少而精的浮雕装饰。这是明代万历时期最流行的柜式

　　软装设计师除了通过家具的发展简史了解家具的基本风格与样式外，还需对家具的风格、样式做更深入的研究，这样方可更好地把握软装的整体关系，从而传递出软装设计所要表达的情感与诉求。外国家具风格与样式如表 5-2 所示。

表 5-2 外国家具风格与样式

家具风格	家具样式	特点
美式乡村风格		美式乡村风格与所有崇尚自然的风格一样倡导"回归自然"，追求悠闲、舒畅的田园生活情趣。常用的材料有天然木、石、藤、竹等
古典美式风格		美国在独立以前是英国的殖民地，因而古典美式风格的家具保存着欧式风格的元素，细腻精致的细节，原始、自然、纯朴的色彩。风蚀、虫蛀、喷损、锉刀痕、马尾和蚯蚓痕是常用手法
巴洛克风格		巴洛克风格的家具利用多变的曲面，采用花样繁多的装饰，做大面积的雕刻、金箔贴面、描金涂漆处理，并在坐卧类家具上大量应用面料包覆
洛可可风格		洛可可风格充满女性特有的柔美气息，以芭蕾舞为原型的椅腿就是其最明显的特征，秀雅高贵的气质将舞蹈的韵律美融入家具造型之中
地中海风格		通过擦漆做旧处理打造出只是古典家具才有的质感，仿佛碧海晴天之下被海风吹蚀的自然印迹；椅面、椅腿采用蓝与白的配色，将不同比例的蓝白对比与组合运用到极致

续表

家具风格	家具样式	特点
西班牙风格		西班牙风格的家具热情洋溢，自由奔放，色彩绚丽。其雕刻装饰深受哥特式建筑的影响，火焰式哥特花格多以浮雕形式出现在餐厅家具的各个细节上。西班牙风格的家具有地中海风格的烙印，但比地中海风格更显神秘、内敛、沉稳和厚重，而且带有贵族气质，地中海风格的家具则更加古朴自然
东南亚风格		简单、整洁的设计，为家居营造清凉、舒适的感觉。藤条与木片、藤条与竹条、柚木与草编、柚木与不锈钢，各种编制手法和精心雕刻的混合运用，让东南亚风格的家具充满朴实、自然之风
意大利风格		意大利风格的家具在世界家具史上占据着举足轻重的地位，不但充满正宗的欧洲古典文化韵味，同时也是现代设计理念最具活力的迸发点，其设计能力闻名全球。从设计风格上来讲，意式家具兼具古典与现代两种迷人风情，简约中不乏时尚与高贵。其艺术与功能结合得十分紧密，将工业技术与设计的原创力结合起来，在满足产品功能性要求的基础上追求审美属性

续表

家具风格	家具样式	特点
法式风格		法式风格的家具充满法式的浪漫。其装饰艺术、设计风格集中体现在结构布局上突出轴线对称、强调恢宏气势，细节处理上考究精细，注重雕花、线条及制作工艺。法式风格的家具主要有巴洛克、洛可可、新古典主义等风格
后现代风格		后现代风格的家具主要通过非传统的混合、叠加、错位、裂变等手法及象征、隐喻等手段，突破传统家具的烦琐和现代家具的单一局限，将现代与古典、抽象与细致、简单与烦琐等巧妙融于一体

5.2 家具定制

目前，软装中的家具有成品家具和定制家具之分。成品家具就是家具生产厂家按家具的常规尺寸设计生产的各类型家具；定制家具则是按客户的要求进行定制生产的家具，可以由客户自主选择色彩、材料、样式和尺寸等。如今客户对家具的品质要求越来越高，加上每个空间的尺寸不尽相同，软装设计越来越朝个性化方向发展，所以定制家具的市场份额呈逐年上升的趋势，而定制家具也将成为软装设计的"新常态"。

5.2.1 家具定制的流程

首先由软装设计师找到家具的详细样式，标出家具的尺寸和材质，如图 5-20 所示；然后由家具厂画出详细的施工图，经设计师确认后投入生产。

图 5-20 标出家具的尺寸和材质

5.2.2 家具的常规尺寸

成品家具如果定购的尺寸不合适，可以找厂家调换。定制家具则是完全根据客户的要求量身定制的，如果由于设计的原因无法使用，家具将无法进行二次销售，造成的损失则可能由设计师埋单。所以，设计师在定制之前一定要仔细考虑家具的尺寸。

家具的尺寸包含两层含义：一是家具本身的使用尺寸，二是家具搬运中会涉及的尺寸。即使家具的使用尺寸完全正确，客户摆放家具具体的客观环境也是必须考虑的因素，如过道的宽度、电梯的大小、入户门的高宽尺寸、室内楼梯的尺寸等。一些大件家具因为没有考虑到搬运因素，定制后无法被搬运到客户指定的空间，致使软装设计师蒙受巨大损失的事时有发生。

下面列举一些家具常规尺寸（单位：cm）供大家参考。

☆　衣橱：深度一般为 60~65；衣柜推拉门宽度一般为 70，平开的衣柜门宽度为 45~60。

☆　房间推拉门：宽度 75~150，高度 190~240。

☆　矮柜：深度 35~45，柜门宽度 30~60。

☆　单人床：宽度 90、105、120，长度 180、186、200、210。

☆　双人床：宽度 135、150、180，长度 180、186、200、210。

☆　圆床：直径 186、212.5、242.4（常用）。

☆　室内门：宽度 80~95，高度 190、200、210、220、240。

☆　卫生间、厨房门：宽度 80、90，高度 190、200、210。

☆　单人沙发：长度 80~95、深度 85~90，坐垫高 35~42，背高 70~90。

☆　双人沙发：长度 126~150，深度 80~90。

☆　三人沙发：长度 175~196，深度 80~90。

☆　四人沙发：长度 232~252，深度 80~90。

☆　小型茶几（长方形）：长度 60~75，宽度 45~60，高度 38~50（38 最佳）。

☆　中型茶几（长方形）：长度 120~135，宽度 38~50 或 60~75。

☆　正方形茶几：长度 75~90，高度 43~50。

☆　大型茶几（长方形）：长度 150~180，宽度 60~80，高度 33~42（33 最佳）。

☆　圆形茶几：直径 75、90、105、120，高度 33~42。

☆　方形：宽度 90、105、120、135、150，高度 33~42。

☆　固定式书桌：深度 45~70（60 最佳），高度 75。

☆　活动式书桌：深度 65~80，高度 75~78；书桌下缘离地至少 58，长度最少 90（150~180 最佳）。

☆　餐桌：高度 75~78（一般），西式高度 68~72，一般方桌宽度 120、90、75。

☆　长方桌（餐桌、书桌）：宽度 80、90、105、120，长度 150、165、180、210、240。

☆　圆餐桌：直径 90、120、135、150、180。

☆　书架：深度 25~40（每一格），长度 60~120，下大上小型下方深度 35~45，高度 80~90。

☆　活动未及顶高柜：深度 45，高度 180~200。

5.3 家具搭配

在软装方案中家具的体量是比较大的，并且占据着支配地位，因此能否合理地选择家具是软装方案整体效果能否得到认可的决定性因素。

5.3.1 门厅空间家具搭配

门厅是整个室内空间的序曲，即"门面"，也是对整个室内空间效果进行定位的依据。所以在选择家具时要有准确的定位，让人一眼即能识别空间的风格倾向，并感受到室内空间所营造的氛围。

图5-21所示曲线流畅优雅的椅子和玄关柜、法式蓝的家具与蓝色的大马士革花纹墙都明确地告诉人们这是浪漫的法式风格。

图5-22所示只剩下线条的沙发、原木墩与石材墙面和仿鸟笼灯具，打造出既有时尚感又带有中式元素的新中式风格。

图5-21 法式玄关柜和椅子

仿明代梳背椅特别迎合现代人的简约审美，配上红色中式纹样抱枕，使深色家具立显典雅与高贵。图5-23所示对称玄关柜与梳背椅的组合，形成中式对称布局；高矮、大小不等的花瓶与摆件搭配一枝中国红插花，对称中又不乏空间的变化。

图5-22 新中式风格空间

图5-23 仿明代对称布局

5.3.2 接待区家具搭配

接待区是指接待来访者的室内空间，包括办公及商业空间的前台区、洽谈区等。当然，居住空间中的客厅也属于接待区。

前台的家具主要包括接待台、办公椅、访客椅等，选择时首先要保持与整体风格的统一协调。图5-24所示为某地产销售中心的软装设计方案，其定位为轻奢原始风，灰色的奢靡主旋律华丽激昂，是时尚与创作的激情碰撞。

粗犷的铁艺和榆木家具搭配植物墙，呈现出原始时尚的空间；再搭配铜质水晶灯，构成一幅自然与现代交融的独具风味的盛景。透明的有色玻璃材质的摆件让室内空间特色更浓郁。

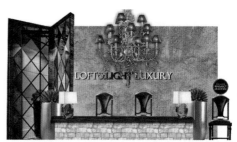

图5-24 重庆信实公司张晓作品

洽谈区需要打造温馨、舒适的环境。图 5-25 所示为洽谈区效果图，整面绿色植物墙让处在空间中的人十分惬意，仿佛置身于一片绿色的森林中，倍感放松。

为了配合轻奢风格，本案的沙发椅选择皮革面料，颜色采用驼棕色与复古雅致的深红色打造出深浅的阶梯变化，再配以木本色桌子及古铜与水晶材质的吊灯，低调奢华之感跃然而出。图 5-26 所示为洽谈区的软装设计方案。

图 5-25 洽谈区效果图

图 5-26 重庆信实公司张晓作品

客厅家具主要由沙发、茶几、视听柜等组成，选择时首先要注意在风格上必须统一，同时材质、造型也必须为营造的主题服务。图 5-27 所示为重庆信实公司某软装方案的客厅设计，通过柔和的色彩、时尚的造型、舒适的面料以及精致的细节打造空间主人专属的时尚浪漫现代法式空间。

图 5-27 重庆信实公司张晓作品

客厅是家人休息娱乐的场所，也是接待客人的地方，因而需要营造出安静放松的环境。在选择家具时需要注意，家具与家具、家具与其他配饰之间的搭配一定要有主次之分，为时尚、律动的主题服务。

图 5-28 所示为调整前的软装提案。提案中搭配的茶几过于烦琐，地毯的花色也较复杂，左右两边的单椅色彩与造型过于突出抢眼而缺乏品质感。空间中各元素之间互相争夺焦点，以致失去了主题的个性与核心，必须做些减法让空间透气，从而更好地体现空间的层次感。

图 5-28 重庆信实公司张晓作品（调整前）

图 5-29 所示为调整后的软装提案。提案中客厅的地毯为钻石切割面的花纹，搭配爱马仕新款的都市马抱枕，营造出别致高雅的空间氛围。造型独特的金属茶几凸显个性，搭配材质奢华的金属皮草皮革灯，完美地打造出独立都市女性的生活空间。

图 5-29 重庆信实公司张晓作品（调整后）

5.3.3 餐饮空间家具搭配

餐厅家具主要包括餐桌、餐椅、卡座、沙发、吧凳、吧桌、转盘、餐柜、酒柜、贝贝椅和垃圾柜等。根据不同的风格与功能，又可以分为中餐厅家具、西餐厅家具、咖啡厅家具、茶艺馆家具、快餐厅家具和饭店餐桌椅等。

图 5-30 所示为某地产公司销售中心的吧台区。本方案中吧凳是该区域的主要家具，为配合极具轻奢风格的吧台，吧凳选择做旧效果的深色材质，皮革材质与扣钉收边体现出历史厚重感，红色马头图案与深色材质的经典搭配使之成为整个空间的焦点。

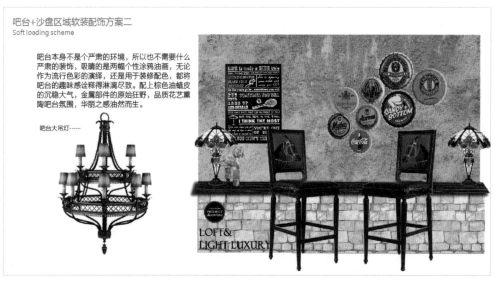

图 5-30 重庆信实公司张晓作品

餐厅家具力求舒适、温馨，选择时首先要考虑风格，然后才是造型、材质、色彩之间的关系。图5-31所示为家居餐厅的设计。本方案在选择餐厅家具时注重家具与其他软装或硬装元素之间的呼应，如桌布立面的半圆形、餐椅的半圆形与餐厅吊灯的圆形呼应，餐椅的黑色靠背与黑色灯罩呼应等。

图5-32所示餐厅设计中的水晶吊灯、金属墙纸、纯银烛台、高脚红酒杯和描（镶）金餐桌等无不演绎着华丽，这时选择布艺餐椅能为整个餐厅增添几分柔和与温暖。

图 5-31 重庆汉邦设计罗玉洪作品

图 5-32 重庆汉邦设计罗玉洪作品

5.3.4 卧室空间家具搭配

卧室家具主要由衣柜、床、床头柜、床尾凳、化妆台、化妆凳等组成。人的一生在卧室中度过的时间比其他任何地方都要多，所以应尽可能采用柔和的色彩对比，营造出温馨的卧室空间。

图5-33所示的卧室中，香奈儿山茶花元素的墙饰、黑白模特的嵌入式人像油画、钻石镶嵌的床品，搭配造型别致的水晶灯，打造出都市女性独立、高雅的品质生活。为了体现主人高品质的生活态度，对香奈儿特有的弧线造型在床、床头柜和床尾凳上进行延续，床头与床尾凳的浅色皮革及吊顶的水晶灯是对高贵、雅致的最好诠释。

图 5-33 重庆信实公司作品

如果说图 5-33 是时尚元素对时尚的演绎，那图 5-34 则是传统元素对时尚的完美诠释。尽管时尚是现代人生活的主旋律，是现代人追求的审美体验，但传统文化更加受到人们的重视。因此，如何在时尚中保留传统文化、如何用传统元素体现时尚审美是设计师们需要认真思考的问题。

图 5-34 所示方案可以从以下几个方面给予大家启示，引导大家思考。

★ 时尚感十足的皮革大靠背床与传统纹样的抱枕。

★ 统一的色彩使欧式吊灯、床头柜（及台灯）、床尾凳与传统梅花水墨图样等不同风格元素在空间中和谐交融。

★ 床尾凳上的插花仿佛是地毯上的梅花次第绽放，采用画面感、故事感强的情景式软装手法加以展现。

★ 墙画采用内容连续统一的三幅中国风挂画，传统的内容却采用现代的装裱与呈现手法，做到了用时尚来表达传统。

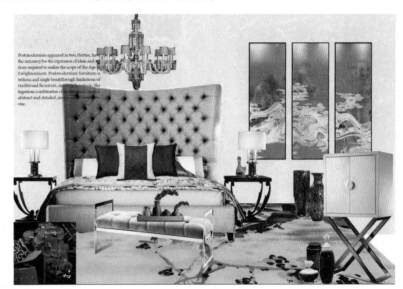

图 5-34 重庆信实公司作品

图 5-35 所示的衣帽间，既是卧室功能的配套与延续，又是传统风格的运用与展现。

衣 帽 间

图 5-35 重庆信实公司作品

5.3.5 办公空间家具搭配

办公空间分为工作办公与家居办公（书房、画室），两者虽然在功能上比较接近，但软装风格却不同。工作办公要素雅，陈设干净利落；家居办公则要充分展现主人的品位与情操，陈设凸显个性。

1 办公空间家具搭配

图 5-36 所示为某地产销售中心办公空间的软装。办公空间的家具和大堂的原始感有一定的融合，稍微加入一些 loft 元素，便让空间干练清爽，更适合工作。角落区域搭配拉丝银不锈钢花器和绿植，给空间增添色彩，柔化硬朗的空间氛围。

图 5-36 重庆信实公司作品

2 家居办公（书房）空间家具搭配

书房主要家具有书柜、书桌、椅子、沙发和茶几等。因为不同的业主对书房功能的定义不同，不同风格室内空间的书房家具在色彩、材质上也各不相同，所以在选择家具时必须考虑周全。

图 5-37 所示为美式风格的书房。美式风格家具继承了欧式风格家具的造型及样式，但整体更加简洁，橡木材质与古铜材质的灯具加之深色画框与素雅画芯，构建沉稳、低调与奢华的美式风格。

图 5-37 重庆信实公司作品

书房是许多文艺青年的心头爱，温和的色调、简单摆放的装饰物能使人沉下心来好好思考。图 5-38 所示的书房就是以大面积不同深浅层次的高级灰组合而成的。高级灰是内敛中的厚积薄发，无须艳丽色彩，于雅致中即可自成一派。本方案的家具时尚中融入原木的自然风（单椅与书桌的腿都采用原木材质），亮白色桌面与魅影黑色单椅共同突出层次质感，对比鲜明。可以在书房放置一些稀奇古怪的小东西，精致摆件、收纳盒等也是必不可少的。

图 5-38 重庆信实公司作品

图 5-39 所示为法式风格书房，书桌、单椅曲线展现了法式特有的优雅，绣墩、墙纸及书柜选用的法式蓝色使空间风格更为突出。

图 5-39 重庆信实公司作品

5.3.6 卫浴空间家具搭配

卫浴空间在整个室内空间中虽然占比较小的面积，家具也比较简单，但往往最能体现主人的生活品质。所以，卫浴空间的家具更需要精致。

选择卫浴空间的家具时要注意材质、色彩与空间之间的关系，打造温馨、柔和的室内空间。家具与室内空间中其他元素的色彩对比最好不要太强，如图 5-40 所示。

图 5-41 所示的卫浴空间通过水晶、皮革、红酒杯、金属托盘及金属质感的画框等与硬装的材质进行对比或融合，共同烘托出精致而奢华的空间。

图 5-40 天坊室内设计公司张清平作品

图 5-41 天坊室内设计公司张清平作品

06 软装元素之灯光

室内空间设计中，灯光的运用受到越来越多软装设计师
的重视。如果没有好的灯光与照明，再好的设计也无法
给人带来良好的视觉体验。灯光涉及"灯"与"光"两
个概念，灯就是我们常说的灯具，而光则是灯具的光源
所发出的光。

6.1 灯光设计基础

虽然光无法触及，但在生活中却无时无刻不影响着我们。设计师要想运用灯光营造良好的艺术氛围，就必须先对光的物理属性有一个基本的认识。

6.1.1 光的基本物理属性

1 光通量

光通量（luminous flux）指人眼所能感觉到的辐射功率。它等于单位时间内某一波段的辐射能量和该波段的相对视见率的乘积，通常用 Φ 来表示。

2 照度

照度指单位面积上所接受可见光的能量，单位为勒克斯（lux 或 lx）。照度是一个光照强度指数，不同的室内空间对照度的要求有所不同。

表 6-1 是国家标准《建筑照明设计标准》GB50034—2013 中的住宅建筑照明标准。

表 6-1 住宅建筑照明标准

房间或场所		参考平面	照度标准值（lx）
起居室	一般活动	距地 0.75m 水平面	100
	书写、阅读	距地 0.75m 水平面	300（混合照明）
卧室	一般活动	距地 0.75m 水平面	75
	床头、阅读	距地 0.75m 水平面	150（混合照明）
餐厅		距地 0.75m 水平面	150
厨房	一般活动	距地 0.75m 餐桌面	100
	操作台	操作台面	150（混合照明）
卫生间		距地 0.75m 水平面	100
电梯前厅		地面	75
过道、楼梯间		地面	50
公共车库	停车位	地面	20
	行车道	地面	30

表 6-2 是国际照明委员会推荐的照度范围（仅供参考）。

表 6-2 国际照明委员会推荐照度范围

照明场所或功能	照度范围（lx）
室外入口	20~50
过道，主要用于辨别方向	50~100
短暂停留的空间，如衣帽间	100~200
有一般的视觉辨别要求，如起居室等	200~500
有中等视觉辨别要求，如厨房、书房等	300~750
有较高视觉辨别要求，如刺绣等	500~1000
精密加工操作空间	750~1500

6.1.2 室内照度的简易计算方法

不同的空间有其特定的照度要求，因而在进行室内空间设计时需要计算照度，即计算出空间中使用的光源数量与功率是否符合空间的照度要求。常用的计算方法有逐点计算法和利用系数法。在此介绍利用系数法，其公式为：$E=\Phi \times N \times K \div A$。（备注：因为空间中对灯光造成影响的因素较多，所以此种算法只作为进行照明设计时快速计算的参考。如果要获取更准确的灯光照明数据，可以使用类似 DIALux 的照明设计软件。）

$E=$ 工作面上的平均照度。

$\Phi=$ 光源的光通量，单位 lm（$\Phi=W \times U$）。$U=$ 发光效率（不同灯具的发光效率不同，但具体的参数生产厂家一般不会对外公布。这里给出一般的经验值仅供参考：荧光灯每瓦特电发光 50~100lm，即 50~100lm/W；白炽灯每瓦特电发光 15~25lm，即 15~25lm/W；LED 发光效率可达 100lm/W 以上）。

$N=$ 光源数量。

$K=$ 补偿系数（光源根据其清洁程度可能会有衰减，一般清洁的光源在 0.75 左右，污染的光源在 0.7 左右，污染严重的光源在 0.65 左右）。

$A=$ 室内空间面积。

▲ 计算案例
___

如在 30m² 的室内空间（A），已经安装有 10 个光源（N），该空间照度为 200lx（E），如果使用同一功率的白炽灯光源，请计算出光源的功率（使用多少 W 的灯具）。

按上面公式可以得到以下方程式：

$W=（E \times A）\div（N \times U \times K）$

即：光源功率 =（照度 × 面积）÷（灯光数量 × 发光效率 × 补偿系数）

$W=（200 \times 30）\div（10 \times 25 \times 0.75）$

$W=32$

即该空间应使用 32W 功率的灯具。

6.1.3 色温

色温的单位为 K（开尔文），在物理上是由"黑体"的温度决定的，"黑体"在某一特定的温度下会辐射特定的颜色，这一特定的温度被称为色温。色温越高，可见光谱中蓝色的成分就会越多，这时的灯光会呈现冷色；反之，色温越低，这时的灯光会呈现暖色。例如白炽灯的色温约为 2700K，其灯光的颜色偏暖；荧光灯的色温约为 6000K，其灯光的颜色偏冷。

色温由低到高的色彩倾向如表 6-3 所示。

表 6-3 色温与色彩倾向的关系

2800K	普通偏暖电光色
3500K	温白色
4000K	冷白色
6500K	日光色

色温与空间氛围的关系如下。

★ 高色温高照度的空间表现的是一种明亮、安静、开放的空间感。

★ 高色温低照度的空间表现的是一种阴冷的空间感。

★ 低色温高照度的空间表现的是一种闷热、不安的空间感。

★ 低色温低照度的空间表现的是一种温馨、宁静、安详、休闲的空间感。

6.2 照明的方式与灯具

对于软装设计中的灯光，首先要考虑其功能性，重点是营造良好的氛围。所以软装设计师必须掌握不同的灯具与照明方式之间的关系，并懂得如何运用灯光营造氛围。

6.2.1 照明的方式

1 直接照明

直接照明即光源直接作用于被照明的物体。这种照明方式光效高，灯罩不透明，能使光源按一定的角度投射到物体上，如图 6-1 所示的吊灯。

2 半直接照明

半直接照明一部分光为直接照明，另一部分光则通过透明（或半透明）灯罩投射到墙面或顶面，再通过反射投射到物体上，如图 6-2 所示。

图 6-1 重庆汉邦设计罗玉洪作品

图 6-2 重庆汉邦设计罗玉洪作品

3 间接照明

间接照明是指全部光源不直接投射到物体上，而是通过反射投射到物体上。如图 6-3 所示的顶部灯带与沙盘底部的照明为间接照明。

图 6-3 重庆汉邦设计罗玉洪作品

4 半间接照明

半间接照明指一部分光通过反射投射到物体上，另一部分光通过透明（或半透明）灯罩投射到物体上。如图 6-4 所示的客厅主吊灯为半间接照明。

图 6-4 重庆汉邦设计罗玉洪作品

5 漫射照明

全部光源通过磨砂灯罩（或半透明灯罩）折射后投射到物体上，即漫反射照明，如图 6-5 所示。

图 6-5 重庆汉邦设计罗玉洪作品

6.2.2 灯具的种类

1 吊灯

吊灯即以绳索或金属链由顶面垂吊安装的灯具，其风格各异，常见的材质有玻璃、水晶、金属、纸和皮革等。吊灯分单头与多头，单头吊灯一般用于卧室、餐厅等空间，多头吊灯多用于客厅等公共空间。常见的灯具样式有烛台式和灯罩式，灯罩有开口向下的直接或半直接照明，也有开口向上的间接或半间接照明。采用开口向上照明方式的灯光柔和，适合渲染浪漫的气氛，如图 6-6 所示。

图 6-6 天坊室内设计公司张清平作品

2 吸顶灯

吸顶灯即紧贴顶面安装的灯具，造型丰富多样，可用于各种类型的空间，如图 6-7 所示。

图 6-7 重庆瑞邦设计公司作品

3 壁灯

在墙面上安装的灯具称为壁灯，一般适用于局部照明，常用的区域有玄关、过道、楼梯间和卧室等。有的壁灯本身也属于一种装饰，如图 6-8 所示的左右墙上的马头壁灯既有照明功能，又有装饰功能。

图 6-8 重庆汉邦设计罗玉洪作品

4 筒灯

嵌入顶面安装的筒形灯具称为筒灯。筒灯分明装与暗装两种，明装的安装方式与吸顶灯类似，一般用于没有做吊顶的室内空间；暗装是指筒灯表面与顶面齐平，图 6-9 所示的顶面灯具即为暗装筒灯。

图 6-9 重庆汉邦设计罗玉洪作品

5 射灯

射灯具有较强的聚光功能，其照射角度可自由调节，可进行嵌入式安装，也可进行外置或轨道安装，如图6-10所示。射灯常用于重点照明以突出主观审美，从而达到烘托环境氛围、丰富空间层次、增添缤纷色彩的艺术效果。

射灯光线柔和，既可对整体照明起主导作用，又可局部采光以烘托气氛。图6-11所示陈列柜的灯光即为射灯所营造的效果。

图6-10 射灯

图6-11 重庆汉邦设计罗玉洪作品

6 台灯

台灯即放置在台面上的灯具。台灯与吊灯一样本身都具有很强的装饰效果，是室内空间软装设计中不可或缺的灯具，常用在床头、桌面及陈列柜上，如图6-12所示。

7 落地灯

直接安放在地面的灯具称为落地灯，多用于营造局部氛围，如图6-13所示。

图6-12 重庆海龙装饰设计有限公司作品

图6-13 重庆汉邦设计罗玉洪作品

8 漫反射灯带

漫反射灯带主要用在天棚灯槽，其照明方式为间接漫反射。图 6-14 所示为柱子及顶部灯带漫反射照明。

图 6-14 重庆汉邦设计罗玉洪作品

6.2.3 灯具的风格

1 中式灯具

中式灯具与中式家具一样，在造型式样上尽显浑然天成、返璞归真的气质，于简单中透着风雅。其制作过程中使用了大量中国特有的工艺和材质，如实木、竹子、陶瓷、漆器、翡翠、大理石、天然玉、绢纱、丝绸、棉麻及仿羊皮等。每当夜幕降临，繁星点点，即可独坐书房，在柔和温馨的灯光下追忆往昔，感受淡泊与宁静，这就是中式古典灯具的魅力所在。图 6-15 所示为中式古典灯具。

图 6-15 中式灯具

2 欧式灯具

欧式灯具源自欧洲古典风格艺术，其模仿欧洲古代宫廷所用灯具，强调奢华典雅、雍容华贵、色彩浓烈及造型精美。其中，造型古朴典雅的烛台吊灯是最典型的灯具款式。

欧式灯具在工艺制作上注重线条、造型以及雕饰的色泽，在材料选用上较为灵活，如铁艺、纯铜、实木、不锈钢和水晶等都是常用材料。值得一提的是，欧式灯具中的水晶灯与欧式风格所追求的雍容华贵、高雅别致不谋而合，所以欧式的公共空间（如住宅客厅、酒店大堂等）常选用瑰丽而又独具特色的水晶灯来营造氛围。图 6-16 所示为典型的欧式灯具。

图 6-16 欧式灯具

3 现代简约灯具

现代简约灯具的设计源于现代风格理念，以简约的线条、夸张的造型、亮丽或别具一格的色彩作为设计手段，材料上多选用金属、玻璃和塑料。现代简约灯具造型各异，或沉稳大气，或清秀婉约，或简约新颖，如图 6-17 所示。

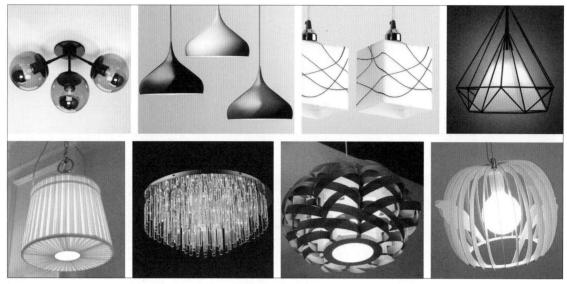

图 6-17 现代简约灯具

4 美式灯具

美式吊灯以铁艺、古铜、树脂材质居多,色彩以深色为主,显得沉稳大气; 台灯常用的材料有贝壳、玻璃、水晶、陶瓷等。从风格上细分,美式灯具的款式比较多,有美式乡村、美式古典、现代美式、美式简约等,如图 6-18 所示。

图 6-18 美式灯具

6.3 灯光设计

在软装设计中,不仅要选择灯具,同时还要对电光源的种类、灯光的表现形式、灯光氛围的营造等有深入的了解。

6.3.1 电光源的种类

室内空间中常用的电光源有白炽灯、节能灯、卤素射灯、LED 灯和荧光（日光）灯等，每种灯光的特性不同，在使用中应根据空间进行针对性的选用。

1 白炽灯

白炽灯是低色温光源，所以常用于光通量弱的灯具，以营造温馨的氛围，如台灯、壁灯、落地灯等，如图 6-19 所示。

图 6-19 营造温馨氛围的灯具

2 节能灯

节能灯又称为省电灯泡、电子灯泡、紧凑型荧光灯或一体式荧光灯，因其发光效率高而得名。节能灯一般用在照度要求比较高的办公、商业空间，如图 6-20 所示。

图 6-20 重庆汉邦设计罗玉洪作品

3 卤素射灯

卤素灯又称为钨卤灯、石英灯，与白炽灯的光源属性比较接近。其电能很大一部分转化为热能，发光效率低，属于低色温暖光源，所以一般也用于低照度环境。卤素灯的原理是在灯泡内注入碘或溴等卤素气体，在高温下，升华的钨丝与卤素发生化学反应，冷却后的钨会重新凝固在钨丝上，形成平衡的循环，避免钨丝过早断裂，因此卤素灯泡比白炽灯更耐用。

卤素射灯常用在需要重点照明的区域，如图 6-21 所示。

图 6-21 重庆汉邦设计罗玉洪作品

6.3.2 灯光的表现形式

灯具的选择和照明的形式，根据空间的不同而有所不同。不同的空间都有其特定的氛围，所以要进行灯光设计必须掌握照明方式与空间属性。

GB 50034—2013《建筑照明设计标准》将灯光的表现形式分为 5 种，即一般照明、分区一般照明、局部照明、重点照明和混合照明。

1 一般照明

一般照明主要是用于解决功能照明，即主要满足室内的照度，而较少考虑局部的氛围。一般照明由排列均匀的若干照明灯具组成，可以为室内提供较好的亮度分布和照度均匀度。一般照明主要被应用于照度分布比较均匀的办公、阅读环境或对照度要求比较高的室内空间，如酒店门厅中的总服务台、商场、书店、教室和机场等。一般照明也包括分区一般照明，如图 6-22 所示的工作区域照明。图 6-23 所示为不同空间的一般照明方式。

图 6-22 重庆汉邦设计罗玉洪作品

图 6-23 天坊室内设计公司张清平作品

2 局部照明

局部照明主要是用于满足局部的照明需要，如阅读用的床头灯、书桌上的台灯、落地灯和梳妆台的镜前灯等都属于局部照明。局部照明一般用在整体照度要求不同的室内空间，可针对需要提高照度的局部区域来进行设置，如图 6-24 所示。

图 6-24 重庆汉邦设计罗玉洪作品

3 重点照明

重点照明是用于强调某一特定陈设或区域的照明，具有较强的指向性与装饰性，如特定的建筑元素、藏品、挂画、装饰品及艺术品等。图6-25所示墙面的重点照明采用由地面向墙面投射的方式，灯光在从地面向上延伸的过程中由强而弱，中间的装置没有单独给光，最终得到特别的剪影视觉效果。

4 混合照明

混合照明是由各种照明方式混合组成的照明方式。这种照明方式可根据室内空间的需要进行调光，同时通过局部照明突出室内空间的某种氛围。图6-26所示的主灯具有很强的装饰效果，是整个空间的视觉中心，使空间具有强烈的艺术感染力；同时通过射灯对墙面或地面打出一些局部照明，使空间的光线有明暗起伏。下方壁炉的红光，又使沙发区域散发出家的温暖。

图6-25 天坊室内设计公司张清平作品

图6-26 天坊室内设计公司张清平作品

6.3.3 灯光氛围的营造

通过调节灯光，可以为室内空间营造特定的氛围和情调。不同的空间对氛围的要求也不同，这就需要设计师通过不同的灯具、不同的照明方式或不同的灯光表现形式进行设计。要想准确地营造氛围，首先应准确地理解空间主题。氛围与空间风格、空间使用性质、设计主题、业主个人喜好、节日和季节等都有一定的关系。室内空间的氛围主要由材质、色彩、造型和灯光等要素决定，其中灯光是营造氛围的核心因素，只有合理地进行设计，才能使空间有美感。

1 安静氛围照明

图 6-27 所示为杭州某餐厅的灯光设计。为了体现出安静的氛围，整个空间没有使用一般照明，而是以局部照明为主，如左图中备餐柜上陈设的青花瓷台灯、餐桌顶空的射灯等。这些照明设备使空间显得异常静谧。

注意图 6-28 所示左图与右图灯光的区别，两组灯光的焦点同为花艺，传递的也是同一主题——"安静"，却表现出完全不同的个性。百合的灯光打在花上面，使洁白的百合越加洁白；而枯荷的灯光主要是打在背景墙上，荷叶在墙上形成的影子以及花器的轮廓都异常清晰，一股浓浓的禅意跃然而出。

图 6-27 局部照明

图 6-28 灯光打在花艺上

2 浪漫氛围照明

浪漫氛围的灯光特点是光线柔和、过渡自然。图 6-29 所示的卧室中没有使用传统的吊灯或吸顶灯作为主要的照明光源，而是通过顶部的射灯营造出明暗起伏的效果。墙面上的壁灯及床头柜的台灯使灯光由上而下自然柔和，氛围浪漫有情调。

3 温馨氛围照明

温馨氛围通常以低色温、低照度的照明为主，而一般照明作为备用在需要时才会启用，或者就不设置。对于氛围的营造来说，灯具本身的材质和造型非常重要。图 6-30 所示的烛台型吊灯与磨砂灯罩的台灯共同营造出亲切温馨的空间氛围。

图 6-29 重庆汉邦设计罗玉洪作品

图 6-30 重庆汉邦设计罗玉洪作品

4 轻松氛围照明

现代社会快节奏的生活使人们喜欢上轻松、休闲的环境。轻松氛围照明在家居、咖啡馆、餐厅、茶楼等空间中都得到广泛的应用。图 6-31 所示空间通过地面的"烛光"及投射在鹤型装饰上的冷光源营造出一种轻盈、柔和的氛围，而中式吊灯的暖光源更使空间显得异常温暖。

图 6-31 重庆汉邦设计罗玉洪作品

5 快乐氛围照明

节日最能体现快乐氛围，且每个节日都有其明确的色彩及相关元素的指向。图 6-32 所示为圣诞节的室内照明，红、白、绿为其固定色彩。为了突出节日气氛，灯光的安排采用分散式布局，用大量照度极低的 LED 灯装点室内空间。

图 6-33 所示为万圣节的室内照明。橙色与黑色是万圣节的传统色，现代的万圣节为了渲染节日气氛也大量使用紫色、绿色和红色。南瓜、稻草人等表现秋天的元素成为万圣节的象征性物品。

图 6-32 圣诞节氛围照明

图 6-33 万圣节氛围照明

6.4 不同空间的灯光设计

不同的空间有不同的功能，软装设计师需要了解业主的生活方式，并结合空间的风格和功能，借助于灯光打造出合适的空间氛围。

6.4.1 玄关的灯光设计

玄关或门厅处于家居空间的入口之处，决定着整个空间给人留下的第一印象。虽然空间不大，却非常重要。好的玄关设计，往往能给人眼前一亮的感觉。玄关的设计应定位为温馨、舒适，以帮助业主消除疲劳，同时让到访者感到宾至如归。

玄关处的灯光可以借鉴图6-34所示的照明方式，在顶部安装射灯对重点软装元素（比如装饰画或玄关柜上的饰品）进行照明，而不是在顶部中央安装铜灯照射地面。注意要使照明重点突出，层次分明。

图6-35所示的玄关通过混合照明的方式打造出一种热烈的氛围。这是一个大宅的玄关，装饰的元素相对多一些，因而必须有足够的灯光加以支持。玄关顶部选用多头吊灯，四周以漫反射灯、壁灯等多光源配合照明，打造出烛光般的效果。

图6-34 深圳市臻品设计顾问有限公司作品（主案设计师：姚楷恒）

图6-35 江西四维装饰设计作品

6.4.2 客厅的灯光设计

客厅是全家人共同活动、交流的地方，也是接待访客的地方，因而应保证其照度达到相关标准。面积较大的客厅，一般采用多头吊灯或吸顶灯作为主灯。大型灯具本身就具有较强的装饰作用，所以在选择上十分考究，如图6-36所示。

图6-36 北京九形至桁建筑装饰设计有限公司李漫林作品

客厅灯光的设计分为功能性照明与装饰性照明。功能性照明主要是用于解决空间照度问题，并通过灯具的造型进一步打造整体空间风格。装饰性照明主要是用于烘托气氛，壁灯、台灯、落地灯及射灯等都可以理解为装饰性照明，如图 6-37 所示。

图 6-37 重庆汉邦设计罗玉洪作品

大型家居的客厅通常属于共享空间，因此灯具的选择显得尤为重要，灯具的大小、样式都必须与整体空间相匹配。这种空间一般采用多层式吊灯来体现出大气、豪华，如图 6-38 所示。

图 6-38 多层式吊灯

6.4.3 餐厅的灯光设计

餐厅必须安装显色性高的光源，以便清晰准确地表现出食物的颜色；并且宜采用暖色光源，以便增进人们的食欲。在要求高照度的西餐厅中也可以将白光作为主要照明，辅以暖色光源烘托进餐气氛。图 6-39 和图 6-40 所示的餐厅使用暖光源烘托进餐氛围，餐桌上的绿色水生植物使餐厅充满生命气息。当然也可以在餐桌上放几盏烛台灯，使空间显得更温馨。

图 6-39 宜兰田野风情（张馨作品）   图 6-40 秘密花园梦想成真（张馨作品）

餐厅灯具一般以吊灯为主，而且一定要有灯罩，尽可能避免人眼直视灯泡。吊灯悬挂的高度不宜太高，否则会影响聚光，一般以不遮挡人的视线为宜。这样既可以很好地展示灯具，又能减少光能的衰减，从而达到更好的照明效果，烘托出温馨的就餐氛围，如图6-41所示。

图6-41 遇见橡树湾（曹亮作品）

6.4.4 书房的灯光设计

书房是家居中用于工作、学习和阅读的空间，照度一般要求达到300lx以上，但高照度的照明一般直接用在阅读的局部区域。书房灯具可以选用台灯、落地灯或加长的吊灯，如图6-42所示。

图6-42 北京九形至桁建筑装饰设计有限公司李漫林作品

如果书房只有吊灯和桌面台灯，则吊灯一定要设置为可调光的。因为在使用电脑时不可将所有的灯都关掉，不然电脑屏幕与周围环境照度的强烈对比很容易使眼睛出现疲劳。因为在书房中集中精力用眼的时间相对比较多，所以书房的"氛围灯"就显得尤为重要。图6-43所示的书房中，多种灯具的组合既能很好地解决照度问题，又能很好地烘托空间氛围。

图6-43 雨润新城美式样板间（刘中建作品）

6.4.5 卧室的灯光设计

卧室是人一生中待的时间最长的区域，其照度要求比较低，照明功能可减弱，更强调空间的舒适性，以缓解工作一天带来的疲劳感。图 6-44 所示的卧室灯光没有采用传统的吊灯设计，而是在顶部使用了漫反射间接为窗台照明，床头柜与装饰柜上都使用了半间接照明的台灯，整个空间灯光柔和，有助于休息。

图 6-44 重庆汉邦设计罗玉洪作品

6.4.6 休闲空间的灯光设计

休闲空间是家居中的附属空间，一般只有在大宅中才会出现，包括阳台、健身房、阳光房等。阳台与阳光房以自然光为主，灯光比较单一，大多选用吸顶灯、壁灯或筒灯，如图 6-45 所示。

图 6-45 休闲空间照明

健身房是功能性空间，须保证符合要求照度。健身房一般不使用吊灯而以筒灯或吸顶灯为主，以保证运动过程的安全，照明方式以一般照明为主，如图 6-46 所示。

图 6-46 健身空间照明

6.4.7 卫浴空间的灯光设计

卫浴空间的灯光需要优先考虑防水性，因为即便水不会直接溅洒到灯具上，也会有大量水蒸气冷却后凝结成水。卫浴空间的照明分为 3 个区域：镜前盥洗区、洗浴区、马桶（蹲便）区。大多数卫浴空间的主灯采用防水筒灯或射灯，镜前灯则采用壁灯、顶部射灯、镜前灯或暗藏式灯槽。图 6-47 所示的卫浴空间采用了 3 种照明方式，且各有其特定的功能：顶部的射灯将光线投射到盥洗台面；壁灯既有很强的装饰性及艺术性，其安装高度又能使光线适当地打到人的面部；另外一些针对局部区域的射灯则能给空间增加一些趣味，使空间的光线表现更为丰富。

图 6-47 天坊室内设计公司张清平作品

面积比较大的卫浴空间在干湿分区明显的情况下可以使用吊灯，如图 6-48 所示。

图 6-48 重庆汉邦设计罗玉洪作品

6.4.8 厨房空间的灯光设计

厨房不只是一个做饭的空间，更是让一家人享受烹饪过程的空间，所以厨房的灯光并不是仅仅在顶部安装一个吸顶灯将空间照亮就行，还要考虑到人在厨房烹饪的每一个环节的视觉感受。

图 6-49 所示的厨房空间，照明设计分为 3 个区域，每个区域都有不同的功能：吸顶灯为一般照明，解决厨房内的基础照明；分布在四个角的筒灯为橱柜提供照明；橱柜下方的照明为操作台提供良好的照明环境。

注意厨房照明色温不要太低（色温越低，色彩越偏暖），否则会使空间显得燥热。

图 6-49 十上设计师事务所作品

6.5 灯光设计案例分析

在灯光设计能满足基本照度与功能的前提下，如何营造良好的空间氛围与舒适的照明环境是硬装与软装设计师必须考虑的问题。另外，灯具的材质、造型、类型、照明方式、色温、显色性和安装方式以及如何将这些要素与设计主题关联起来，也是设计师必须考虑的问题。读者可以通过分析优秀设计公司和优秀设计师的作品去领悟与学习灯光设计的技巧。

案例 1

图 6-50 和图 6-51 所示的用餐空间中，灯具由吊灯和射灯构成，根据功能可以划分为装饰性照明、功能性照明和重点照明。

整个餐厅空间的照度由圆形顶部的射灯提供，3 具艺术吊灯虽然发光，但更多的是起装饰作用，墙上的装饰画与餐边柜由靠墙顶部的射灯提供照明。

餐厅空间的照明要特别注意光线的层次，本案例在这一点上做得非常完美。图 6-50 中的照度主要提供给餐桌上的菜品，餐椅部分（即人脸部分）照度略低、照明柔和，使空间光线更显舒适。空间中的通道部分无须专门提供照明，通过墙面的反射光足以满足，这样也使得空间有层次与起伏感。

图 6-50 重庆汉邦设计罗玉洪作品

案例 2

很多时候，烛光的低色温（约 1800K）、低照度（<80lx）的照明能提供良好的氛围。图 6-51 所示的空间在桌面上使用了烛光（为了防火，本案例选用低色温的电子烛光）。当夜幕降临时开启此灯，即会看到一幅温馨的画面。

图 6-51 重庆汉邦设计罗玉洪作品

案例 3

我们都知道，卧室的照明是非常考究的。私人住宅空间（包括讲求舒适感的民宿）一定要与酒店、样板间不同，因为酒店与样板间为了展示效果可能会牺牲一定的舒适性。图 6-52 所示的空间在避免眩光、提高舒适性上可谓下足了功夫。床头的台灯为空间提供了良好的阅读环境，半直接照明的壁灯则为空间提供了基础照明，整个空间的氛围通过立面中部的漫反射灯得到了完美呈现。

图 6-52 重庆汉邦设计罗玉洪作品

案例 4

卫生间的用光往往容易被忽略，而实际上其用光感受非常重要。图 6-53 所示顶部的射灯（类似常规的镜前灯）用于盥洗区照明，设计师非常用心地考虑到人面部的照明，将两盏下吊式马灯安装在与人面部相当的高度，以达到良好的照明效果；同时灯具本身又有很强的装饰性，与自然风格非常搭调。

图 6-53 重庆汉邦设计罗玉洪作品

图 6-55 所示的餐厅照明由吊灯、灯带和射灯 3 部分组成。吊灯为餐桌提供照明，灯带作为不用餐时的基础照明，射灯为酒具提供照明。一切都设计得刚刚好，没有多余，没有浮夸。

图 6-55 天坊室内设计公司张清平作品

案例 5

图 6-54 所示的客厅空间匠心独具的用光更多的是考虑到人在空间中的舒适性，而不是简单地追求华丽。整个空间没有使用传统的筒灯、射灯和吊灯，而主要由一盏钓鱼灯提供照明，灯光的主要照度集中在茶几部分，活动区域的照明则由部分反射光线与半透明灯罩提供，这样的光线设计能够使人在空间中感到更舒适。如果有看电视的需求，则可以关掉主灯，打开"电视墙"（立面装饰墙）背后的漫射灯或装饰架内为摆件提供照明的间接照明灯具。这样能最大限度地避免直接与间接眩光，使电视机射出的光线与环境之间保持良好的对比关系，从而达到保护眼睛的目的。

图 6-54 天坊室内设计公司张清平作品

图 6-56 所示的卫生间盥洗区设置了上、中、下 3 个区域的照明。顶部筒灯为盥洗区提供基本照明；镜面背后的灯光以间接照明的方式为人的面部提供更舒适的照明；盥洗柜底部的间接照明则为地面提供照明。间接照明对营造舒适的空间氛围起到了关键性作用。

图 6-56 天坊室内设计公司张清平作品

07 软装元素之布艺

布艺在软装设计中有着重要的作用，它可以调节室内空间色彩，柔化室内空间生硬的线条，赋予居室以温馨的氛围、柔软的情调。布艺在室内空间中应用广泛，包括窗帘、床品、抱枕、桌布、桌旗和布艺玩具等。

布艺造型丰富，花样图案繁多，风格多样。软装布艺的色彩和图案要遵从室内硬装风格和墙面色彩，以打造温馨舒适的居家环境。如淡粉色、粉绿色等雅致的碎花布艺与浅色调的家具进行搭配，可以营造清新的室内空间氛围；墨绿色、深蓝色布艺与深色调的家具进行搭配，可以营造庄重的室内空间氛围。在进行布艺设计时，要注意色彩、布料、风格、图案和样式之间的和谐与统一。

7.1 布艺基础

在软装设计中，各元素之间的比例大致为家具60%、布艺20%（其中窗帘约占10%）、其他饰品20%。布艺虽然只占20%，但它能够快速、高效地呈现出或温馨或浪漫的室内空间。各种布艺的相互搭配，可以起到协调空间的作用。

7.1.1 认识面料

面料的品种、质地和性能都对家居布艺的设计与创作起着决定性作用。布艺是软装设计的重要元素之一，在选用时首先要熟悉布料的成分和质地，然后要考虑其色彩和花纹，这样才可以做出正确的判断与选择。鉴别布料最简单易用的方法就是燃烧法，不同的布料在燃烧时会产生不同的现象。

1 棉纤维

棉纤维遇到火焰会迅速燃烧，火焰呈黄色，烟雾呈蓝色，气味为纸燃烧后的味道，燃尽后灰烬少且呈黑灰色。棉纤维的特点是吸汗透气、质地柔软、不易起球、容易清洗、容易起皱、容易缩水和变形。棉纤维适用于制作窗帘、沙发布艺和床品，如图7-1所示。

图7-1 棉纤维

2 麻纤维

麻纤维遇到火焰会迅速燃烧，火焰呈黄色，烟雾呈蓝色，气味为草木灰的味道，燃尽后灰烬少且呈白色。麻纤维的特点是天然、舒适、轻便、透气，但易起皱、不挺括、弹性差、穿着时皮肤有刺痒感。麻纤维适用于制作窗帘、沙发布艺和床品，如图7-2所示。

图7-2 麻纤维

3 毛纤维

毛纤维遇火燃烧较慢，会起泡，烟雾呈白色，气味为头发烧焦的味道，燃尽后呈珠状小颗粒，用手碾压会变成黑色粉末。毛纤维的特点是保暖、耐用、无静电、对皮肤无刺激、吸湿性强、质地柔软、弹性好、隔热性强，但易起毛球、缩水，不宜用洗衣机洗涤。毛纤维适用于制作地毯、床品等，如图 7-3 所示。

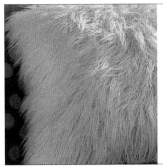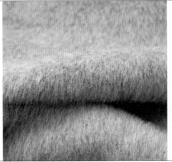

图 7-3 毛纤维

4 真丝

真丝遇到火焰燃烧较慢，会缩成团状并伴有噼啪声，气味为头发烧焦的味道，燃尽后呈珠状小颗粒，用手碾压会呈黑褐色粉末状。真丝的特点是光滑柔软、质感良好、色彩艳丽、手感细腻，但不易打理、易起皱、易缩水，不宜用洗衣机洗涤。真丝适用于制作床品，如图 7-4 所示。

图 7-4 真丝

5 锦纶

锦纶俗称尼龙，遇到火焰会迅速燃烧，缩成团状并融化下滴，散发出芹菜的味道。离开火焰会继续燃烧，未燃尽的熔留物不易碾碎，灰烬呈浅褐色。锦纶的特点是表面平滑、较轻、耐用、易洗易干、有一定的弹性及伸缩性、易产生静电。锦纶主要用于制作窗帘、地毯等，如图 7-5 所示。

图 7-5 锦纶

6 涤纶

涤纶也称为聚酯纤维，易燃烧，燃烧时火焰呈黄色，会冒黑烟，有香味，燃尽后灰烬呈黑褐色硬块状，用手指可以碾碎。涤纶的特点是不易起皱、弹性好、丝柔、毛质柔软，但透气性差、易起静电及毛球。涤纶主要用于制作窗帘，如图 7-6 所示。

图 7-6 涤纶

7 维纶

维纶有"合成棉花"之称，不易燃烧，燃烧时火焰比较大，会冒黑烟，有苦香味，燃尽后呈圆珠颗粒，用手指可以碾碎。维纶的特点是强度差、不耐强酸但耐碱、易起皱、染色较差、色泽鲜艳。常见的有灯芯绒、帆布等，如图 7-7 所示。

图 7-7 维纶

8 真皮、毛料

真皮有一定的呼吸性，耐用度高，耐高温，色泽柔和（仿皮则色泽明亮）。毛料是用兽毛纤维纺织成的面料，保温效果好、色泽光亮，做成衣服穿着具有时尚高贵的气质。图 7-8 所示为真皮和毛料。

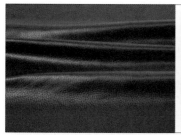

图 7-8 真皮和毛料

7.1.2 布艺面料的工艺

根据制作工艺，可以将布艺面料大致分为染色布、印花布、色织布和提花布 4 大种类，如表 7-1 所示。

表 7-1 布艺面料的种类

染色布	用染料将白色胚布染成各种需要的颜色。染色布一般为单色布，色彩丰富、鲜艳，适用于多种布艺产品	
印花布	将花纹或色彩印到百色或有色布上。印花布色彩艳丽、图案丰富、表现细腻	
色织布	将有色纱线通过交叉等方式织成图案或色彩。色织布立体感强、纹路鲜明，且不易褪色	
提花布	通过横向与纵向的纱线织成凹凸有致的图案。提花布色彩自然、线条流畅、手感好、气质高贵，给人一种大气、奢华的质感	

7.2 窗帘

窗帘是室内空间必不可少的软装元素，因为它具有使用与装饰的双重功能。从使用功能上说，窗帘具有调节光线、消声、保暖、防辐射、防紫外线和保护居室私密性等作用；从装饰功能上讲，窗帘具有调节室内色彩、柔化空间氛围、强化空间风格等作用。由此可见，装饰性与实用性的巧妙结合是现代窗帘的最大特色。

7.2.1 经典的窗帘布料纹样

不同布料与纹样的窗帘，对表现不同主题的空间具有很重要的作用。如烦琐的花纹与色彩浓重的布料适合豪华风格的空间，简洁抽象的图案与鲜艳的单色能体现简约现代的风格。因此了解常见的布艺纹样有助于设计师准确表现室内空间的氛围，如表7-2所示。

表7-2 常见的布艺纹样

纹样	说明	图案
大马士革纹样	大马士革图案由中国古代格子布花纹传入大马士革城后演变而成。在西方宗教艺术的影响下，人们开始在这种图案的基础上进行更加繁复、高贵和优雅的创作。它因雍容华贵受到欧洲上流社会的推崇，直至今日依然是欧式风格的经典纹样	
佩斯利纹样	佩斯利纹样诞生于古巴比伦，兴盛于波斯和印度。这种图案据说是来自于印度教中的"生命之树"，也有人从芒果、切开的无花果、松球和草履虫结构上见到过它的影子	
卷草纹	卷草纹因起源于唐代，又称唐草纹，是通过对忍冬、荷花、兰花、牡丹等花草进行夸张和变形创造出来的一种意象性装饰纹样	

续表

中式纹样	在漫长的历史长河中，充满智慧的中华儿女创造出丰富多彩的纹样，如云纹、回纹及各种花鸟变形纹样等。这些纹样集美观与文化寓意于一身，在中式室内空间中得到充分的应用	
杜飞纹样	劳尔·杜飞是20世纪的法国画家，其作品常被应用在挂毯、壁画和纺织品上。杜飞擅长风景画和静物画，其作品运用单纯的线条和原色对比，有着奔放的笔触，通常对物体进行夸张、变形，装饰味道浓郁	
青花纹样	青花纹样以青色为主，白色为辅，是中华民族传统美学的代表之一	

续表

莫里斯纹样	威廉·莫里斯是英国"工艺美术运动"的领导人之一，又是世界知名的壁纸花样和布料花纹的设计者，被称为"装帧之父"。作为19世纪最有影响力的设计师，他设计的图案具有强烈的视觉艺术特质，主要取材于自然界的花卉、植物等，常用于彩色玻璃、地毯、壁毯和浪漫的纺织品等上	
朱伊纹样	朱伊纹样源于18世纪晚期巴黎郊外的朱伊小镇印染厂，其生产的本色棉麻印染图案的布料风靡当时的宫廷内外。该纹样多以人物、动物、器物等构成田园风光、劳动场景、神话传说和人物事件等连续循环的图案。其色调以深红色、深绿色和深米色等单色为主，形象逼真，刻画精细，绘画感强	

7.2.2　窗帘设计

窗帘的设计不是孤立进行的，要同时考虑室内空间的主体色彩和设计风格等。归纳起来，窗帘的设计主要从色彩、样式、花纹、质地和尺寸等方面入手。

1　窗帘的色彩

窗帘的色彩首先要考虑与整个室内空间主色调保持一致，这样容易取得统一和谐的效果。注意在明度对比上不要过于强烈，尤其要和墙面的色彩接近，同时在色彩上要与室内空间中的某个元素相呼应，如图7-9所示。

图7-9 窗帘与主题色彩统一

选用重色窗帘时，室内空间一定要有近似明度的色彩与之呼应，不然窗帘会成为视觉的焦点而喧宾夺主，给人以混乱感。图 7-10 所示的深色窗帘与台灯、沙发、画框及抱枕相呼应，使室内空间呈现出一种节奏美。

图 7-10 窗帘与室内色彩相呼应

2 窗帘的构成

窗帘由帘体、配件和辅料构成。帘体包括窗幔、布帘和窗纱；配件包括侧钩、绑带（绳）、吊坠和轨道等；辅料包括花边、边穗、流苏、挂钩和挂钩布带等，如图 7-11~ 图 7-13 所示。

图 7-11 窗幔、布帘、窗纱

图 7-12 窗帘配件

图 7-13 窗帘辅料

3 窗帘的风格

室内窗帘的设计要保持风格的统一，才能更准确地体现室内空间的氛围。窗帘与软装中的其他元素一样，其样式与花纹图案都需要与相应的空间风格搭配，才能营造出合理的室内空间氛围。窗帘的风格如表 7-3 所示。

表 7-3 窗帘的风格

欧式风格	欧式风格的窗帘色彩和造型丰富多样，窗幔多为波浪形，布帘褶皱比较多，图案一般以欧式传统花纹为主。为了表现室内空间的大气与豪华感，有时会选用金色、酒红色或卡奇色面料	
巴洛克风格	巴洛克风格的窗帘气势恢宏、金碧辉煌，既有大海的宽阔气势，又有珍珠的璀璨光芒	
洛可可风格	洛可可风格的窗帘能突出女性的柔美，色彩明快、柔和、清淡，面料豪华富丽	

续表

中式风格	中式风格的窗帘样式相对比较简单，主要是通过色彩及中式纹样来体现。中式风格的窗帘多以栗子色、卡奇色、沙黄色、青花纹样和孔雀绿等颜色和纹样为主。此种风格窗帘面料可以选用丝、棉、麻等	
田园风格	田园风格自然、清新，花纹多以碎花为主，色彩明快。田园风格不追求华丽，面料朴实无华	

4 窗帘的种类

根据结构及功能，可以将窗帘分为罗马帘、卷帘、折叠帘、垂直帘、遮阳帘和电动帘等。在进行软装设计时，要根据空间大小、窗户结构、空间功能及空间风格等因素选择窗帘。窗帘的种类如表 7-4 所示。

表 7-4 窗帘的种类

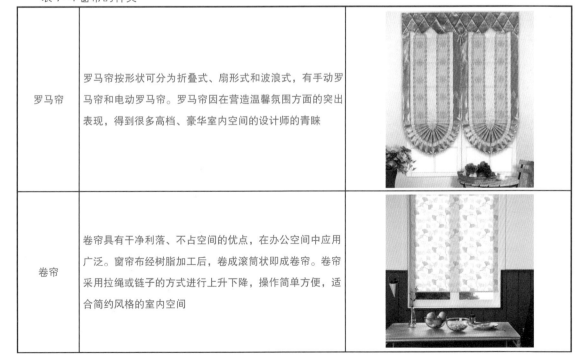

罗马帘	罗马帘按形状可分为折叠式、扇形式和波浪式，有手动罗马帘和电动罗马帘。罗马帘因在营造温馨氛围方面的突出表现，得到很多高档、豪华室内空间的设计师的青睐	
卷帘	卷帘具有干净利落、不占空间的优点，在办公空间中应用广泛。窗帘布经树脂加工后，卷成滚筒状即成卷帘。卷帘采用拉绳或链子的方式进行上升下降，操作简单方便，适合简约风格的室内空间	

续表

垂直帘	垂直帘的帘体呈条状，由挂钩挂在固定的滑轨上，可以通过调整叶片角度来达到调光的目的。垂直帘幽雅、明快，适合简约、时尚风格的室内空间	
折叠帘	折叠帘具有良好的调光效果，折叠程度可以根据需要进行调节。折叠帘有良好的线条感，特别适合简约、现代风格的室内空间	

7.3 床品与地毯

床品是整个卧室的中心与焦点，地毯虽然处于从属地位，但若处理不好则容易使室内色彩出现混乱。软装设计考验的就是细节，只要把每个细节处理好了，整个室内空间就会焕发光芒。

7.3.1 床品与地毯的风格

床品与地毯的风格主要是通过图案与色彩来体现的。在软装设计中，床品与地毯的风格与色彩应从属于家具。

1 欧式风格

欧式风格的床品最显著的特点是对欧式花纹与花边的应用。选择色彩时要与整体色调保持一致，有时为了丰富室内空间的色彩效果，可以在整个大面积颜色统一的前提下，为局部小面积选择与整体色调互补的颜色，但一定要注意"度"的把握。毕竟卧室是人休息与睡眠的空间，对比过于强烈会让人很难尽快安静下来。图7-14所示为欧式风格床品。

图7-14 欧式风格床品

要使整体空间产生共鸣，就需要在色彩与纹样上找到共同点，使地毯与家具及其他布艺之间交相呼应，这样才能为室内空间谱写出华丽乐章。图 7-15 所示地毯外圈的圆环色彩与抱枕之间的色彩相呼应，内圈的色彩花纹与抱枕的花纹及墙上挂画之间的色彩也相呼应。

图 7-15 地毯与其他元素相呼应

大马士革纹样是经典的欧式纹样，在各欧式风格中应用广泛。为欧式空间选择床品与地毯时，在确定样式与花纹的基础上，主要是通过色彩使其与各欧式风格相统一。图 7-16 所示分别为地中海风格、波西米亚风格、英式和法式风格床品。

图 7-16 欧式风格床品

2 东方风格

东方风格是以东方元素为主的后现代混搭风格，力求诠释东方宁静、雅致、带有禅意的生活方式。图7-17所示为东方风格的床品。

图7-17 东方风格床品

东方风格不是简单的复古，也不排斥现代思潮，而是以包容的姿态容纳古典和现代元素，以全新的方式演绎国人生活。图7-18所示为重庆信实公司东方风格的软装方案。木质与布艺的结合在方案中的应用呈现出质朴与优雅，而金属材质在方案中的应用又体现出低调的奢华。

设计说明
DESIGN NOTES

风格解读
STYLE INTERPRETATION

当下时代宁静致远——"新东方"

比翡翠深沉，比幽香暗浮的墨兰浓烈悠长

空山新雨后，天气晚来秋。
明月松间照，清泉石上流。
竹喧归浣女，莲动下渔舟。
随意春芳歇，王孙自可留。

——王维《山居秋暝》

客厅效果图
INTERIOR DISPLAY

主卧效果图
INTERIOR DISPLAY

图7-18 重庆信实公司张晓作品

图 7-18 重庆信实公司张晓作品（续）

7.3.2 床品与地毯的选择

床品是家居生活的必备品，同时也是软装设计中的重要元素，因其体量比较大，所以色彩、花纹都会影响到整个空间的主题倾向。床品的选择与窗帘一样，首先也应考虑到与整个室内空间的色调协调一致。图 7-19 所示的床品与窗帘、墙面的色彩使用同一色系，使整个空间显得和谐统一。床品的明度高于墙面和窗帘，通过与同色系的深色床旗及深色地毯搭配，增强空间的节奏感。整个空间色彩统一，而不同的明度使得统一中出现变化。

图 7-19 重庆汉邦设计公司作品

地毯种类较多，有纯羊毛地毯、真皮地毯、化纤地毯、藤麻地毯和塑料橡胶地毯等。地毯具有柔化空间的作用，在沙发旁或卧室内铺上一块柔和的地毯，可以席地而坐，或看书或休闲，温暖、闲适感扑面而来。地毯还具有调控室内空间色彩与强化空间领域感的作用，因此在选择时要考虑其色彩、花纹和材料等因素。图 7-20 所示地毯的色彩与窗帘属同一色系，同时地毯上的花纹与陈设的蓝色花艺之间互相呼应，为安静的室内空间增添了几分情趣。

图 7-20 重庆汉邦设计公司作品

除了地域风格明显的图案外，东西方风格地毯的界限已经越来越模糊。表 7-5 所示为东西方风格地毯的对比，在软装设计中选择地毯时可更多地从色彩与图案本身入手。

表 7-5 东西方风格地毯的对比

东方风格地毯	欧式风格地毯

08 其他软装设计元素

软装设计主要是通过软装元素来表现的，选择合适的软装元素进行合理的配置是软装设计工作的核心内容。因此，软装设计师必须对软装元素非常熟悉。软装主要有八大元素，包括家具、灯具、布艺、画品、饰品摆件、生活用品和收藏品以及花艺作品。第5~7章已经对家具、灯具、布艺进行了详细讲解，本章将探讨其他的几种软装元素。

8.1 挂画

一个有品位的室内空间，挂画是必不可少的。挂画直接能反映出空间主人的文化艺术修养，因此其实是空间主人品格外化的呈现。软装设计师只有对绘画具备较强的鉴赏能力，方能驾驭空间与挂画的关系。

熟悉绘画的途径有很多：一是阅读专业书籍；二是参观专业画展；三是参观画廊。需要注意的是，由于画家的水平参差不齐，并非所有画廊的作品都是上好作品，因此专业软装设计师必须有鉴别优劣的眼光。

8.1.1 绘画的分类

1 按种类分

绘画从种类上可以分为中国画、油画、水彩画、版画和现代装饰画，如图 8-1~ 图 8-3 所示。

图 8-1 王东作品（1995 年绘制于南龙中学）

图 8-2 不同种类的画

图 8-3 重庆市巴南区沈娅作品

2 按题材分

以中国画为例，绘画从题材上又可以分为山水画、人物画、花鸟画和民俗画。

★ 山水画以山川自然景观为主要描写对象，着力强调游山玩水的士大夫以山为德、以水为性的内在修为意识和咫尺天涯的视觉意识，集中体现了中国画的意境、格调、气韵和色调，如图 8-4 所示。

图 8-4 沈周《吴中揽胜图卷》（局部）

★　人物画大体分为道释画、仕女画、肖像画、风俗画和历史故事画等。人物画力求将人物形象刻画得逼真传神，气韵生动，形神兼备。其传神之法，常把对人物性格的表现寓于环境、气氛、身段和动态的渲染之中。图 8-5 所示为人物画《马球图》。

图 8-5 《马球图》

★　花鸟画是指用中国的笔墨和宣纸，以花、鸟、虫、鱼、禽兽等动植物形象为主要描绘对象的绘画，属于中国传统的三大画科之一。从广义上讲，花鸟画所描绘的对象实际上不仅仅指花与鸟，而是泛指各种动植物，包括花卉、蔬果、翎毛、草虫和禽兽等。花鸟画集中体现了中国人与自然生物之间的审美关系，具有较强的抒情性，通过抒发作画者的思想感情，体现时代精神，间接反映社会生活情况，如图 8-6 所示。

图 8-6 明代画家周之冕作品

★　民俗画亦称风俗画，已有一千多年的历史，是我国民间艺术的一个重要组成部分。民俗画的流传范围比皮影、剪纸等艺术形式的流传范围要广泛得多。民俗画最主要的表现形式有风俗、生肖画和年画，如图 8-7 所示。

图 8-7 户县农民画（左），农家小院（右）

　★　西方的油画从题材上主要分为人物画、风景画和静物画几类，可以根据不同的场所选择不同题材的油画，如图 8-8 和图 8-9 所示。

图 8-8 浓墨重彩的油画

图 8-9 国信自然天城（陈熠作品）

3 按绘画技巧分

以中国画为例，传统中国画从绘画技巧上可以分为工笔画与泼墨画。

★ 工笔是中国画的一种绘画技法。所谓的工笔画是指先用浓墨和淡墨勾勒，再按深浅分层次着色的画法。这种画法工整、严谨，如图8-10所示。

图 8-10 工笔画

★ 泼墨也是中国画的一种画法，在表达上比工笔更随性。在作画过程中，可以同时把一碗墨和一碗水泼洒到纸上，随即用手涂抹，间或用大笔挥运，自然而有表现力地使水墨渗化融合起来，干后给人一种"元气淋漓障犹湿"之感，如图8-11所示。

图 8-11 泼墨画

8.1.2 油画的风格

在选择油画的过程中，除了要考虑油画的色彩、题材和表现形式之外，对于一些特定的欧式风格室内空间，还要考虑不同画风的油画作品。选择与室内空间装修风格一致的油画作品，更能体现出空间的厚重感。表8-1所示为不同历史时期不同风格的油画简介。

表 8-1 不同时期不同风格的油画简介

油画风格	油画代表作	特点
文艺复兴时期的写实风格	 达·芬奇《蒙娜丽莎》、米开朗基罗《雅典学院》	这个时期的绘画艺术核心特点表现为现实与人文，强调以写实传真的手法表达人的感官、信仰和世界观，注重色彩协调和自然。代表人物有米开朗基罗、拉斐尔和达·芬奇等
古典主义风格	 安格尔《自画像》、大卫《跨越阿尔卑斯山圣伯纳隧道的拿破仑》	古典油画比较理性，注意形式的完美，重视线条的清晰和严整，尊重古希腊、古罗马的审美原则。在构图上讲究对称、均衡，在气势上体现庄严、辉煌、崇高，技法精湛，刻画深入，是学院主义的典型代表。代表人物为法国著名画家大卫和安格尔
印象派风格	 莫奈《日出·印象》、梵高《咖啡厅》	印象派油画于 19 世纪下半叶诞生于法国，强调对客观事物的感觉和印象的表达，发现色彩会受观察位置、光线照射状态和环境影响而产生变化，给现代美术带来极大的影响，但这一派系极少有反映人类生活的主题。代表人物为莫奈、梵高
现实主义风格	 柯罗风景油画、米勒《拾稻穗》	现实主义兴起于法国浪漫主义时期之后，主题为赞美大自然，表现人们的真实生活，具有极强的艺术兼容性和自由度。代表人物有风景画家柯罗、"农民画家"米勒及自称为"现实主义画家"的库尔贝等

续表

油画风格	油画代表作	特点
表现主义风格	 蒙克作品	表现主义是指 20 世纪初期在北欧诸国流行的一种强调表现艺术家主观感情和自我感受，对客观形态进行夸张、变形乃至怪诞处理的艺术思潮。代表人物之一为蒙克
立体主义风格	 毕加索《亚威农少女》、布拉克《埃斯塔克的房子》	立体主义作品刻意减少了描述性和表现性的成分，力求组织起一种几何化倾向的画面结构，将物体多个角度的不同视像结合在画中同一形象之上。代表人物是毕加索和布拉克
达达主义风格	 达达画派作品	达达主义 20 世纪初出现于法国、德国和瑞士，其主要特征包括追求清醒的非理性状态和幻灭感，愤世嫉俗，拒绝约定俗成的艺术标准，追求无意、偶然和随兴的境界等
现代抽象派风格	 蒙特里安作品	现代抽象派排斥传统的绘画法则，反对传统的束缚，反对理性，重视主观感受，画面表现形式极端，表达出一种知识分子的精神困惑

8.1.3 新兴的装饰画

随着社会的发展，很多新材料被应用到装饰画中，从而涌现出大量新的画种。图 8-12 所示为近年开始流行的琥珀画，它是以琥珀作为主要材质进行创作或再创作的。因为琥珀是比较名贵的材质，所以艺术家创作的琥珀装饰画具有收藏与观赏的双重属性，特别适用于别墅、会所等室内空间。

图 8-12 百立坊作品

8.1.4 绘画作品的装裱

挂画是室内空间中必不可少的软装项目，除了选择与室内装饰风格相适应的绘画作品外，画框的选择也是比较讲究的。如果画框不合适，不但会影响绘画作品的效果，甚至会破坏整个室内空间的效果。

1 画框

欧式画框的样式非常多，可根据绘画作品的格调进行选择。古典写实油画一般选择比较传统、边框装饰纹样比较复杂的画框，而现代抽象派油画一般选择边框简约一些的画框，这样就能与室内空间相协调。

选择画框时，还要注意画面的颜色。一般来讲，画框与画面颜色在明度上要有一定的区别，在色调上则尽可能选择与画面类似的颜色。图 8-13 所示为地中海风格的挂画，选用蓝色画框与室内空间中顶面、立面的蓝色呼应，更好地呈现出地中海风格。

图 8-13 与室内风格契合的画框

图 8-14~ 图 8-18 所示为画框与绘画内容的搭配参考。

图 8-14 适合风景画的画框

图 8-15 适合肖像画的画框

图 8-16 适合古典主义油画的画框

图 8-17 适合现代风格绘画作品（装饰画）的画框

图 8-18 适合照片、简约现代装饰画的画框

2 装裱

装裱是我国传统绘画、书法作品特有的一种技术，通常用各种绫、锦、纸、绢等材料对纸绢质地的书画作品进行装裱美化或保护修复。装裱的形式主要有卷轴条幅、长卷、装框或册页等，如图 8-19 所示。

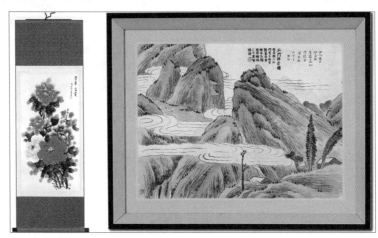

图 8-19 书画装裱

3 无框

不是所有的绘画作品都一定要装框，在现代简约风格的室内软装中也可以用到不装框的绘画作品，如抽象画、装饰画等。不装框的绘画作品线条明快，能够与墙面很好地融合在一起。

图 8-20 所示的挂画以成组的形式等距离排列，使室内空间呈现出很强的"秩序"感。

图 8-20 无框装饰画

4 其他装裱形式

随着新技术的发展，照片、装饰画的装裱形式也呈现出多样化趋势。除了前文探讨的几种装裱形式之外，还有一些其他的装裱形式。

★ 水晶画框因其晶莹剔透和时尚漂亮的外形，得到了广泛的应用。在安静、稳重的中式室内空间放置水晶陈设，能为空间增添一些灵动与活跃；而在现代风格的室内空间中放置水晶陈设，则会与空间氛围更协调。

★ 铁艺画框能传达出一种怀旧的情怀，比较适用于乡村风格等室内设计中。

★ 亚克力画框时尚简洁、色彩丰富、造型各异，适用于现代风格室内空间。

8.1.5 现代装饰画

现代装饰画因制作手法、材质、风格和表现形式多样，具有极强的装饰性，在现代风格的室内空间中得到广泛应用。

装饰画按照制作方法可以分为三大类，分别是占主流的印刷品装饰画、实物装饰画和手绘装饰画。

1 印刷品装饰画

印刷品装饰画成本低廉，可以表现任何题材的绘画、摄影或其他门类的视觉艺术作品。因为印刷品以纸质为主，用纸质印刷的装饰画比较薄，所以必须通过装框的方式呈现。图 8-21 所示为印刷品装饰画在室内空间中的应用。

图 8-21 印刷品装饰画

2 实物装饰画

实物装饰画是用综合材料通过手工制作而成的装饰画，在材料上可以选择金属、干枯植物、玻璃和布料等。成品画很有立体感，装饰性强，如图 8-22 所示。

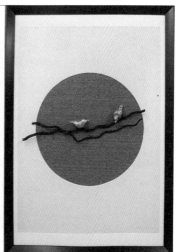

图 8-22 实物装饰画

3 手绘装饰画

广义上的手绘装饰画包括前面章节讲的所有绘画作品，这里讲的手绘装饰画主要是指具有浓郁装饰风格的手绘作品。手绘装饰画常用变形、夸张、抽象等手法，使作品具有较强的装饰性，如图 8-23 所示。

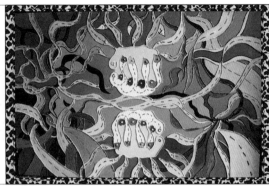

图 8-23 手绘装饰画

8.1.6 挂画的方式

1 挂画禁忌与注意事项

画品可以单独使用，也可以组合使用。在挂画时，需要注意以下问题。

★ 画品的体量要与墙面、家具的大小协调，过大会显得画品"膨胀"，过小则会使墙面显得"空"。图 8-24 所示的 3 个示例中，第一张画品过大，第二张画品过小，第三张画幅的宽度要略窄于沙发，相对来说比较合适。

图 8-24 挂画与家具的比例

★ 如果悬挂比较大的单幅油画，画面应该略向下倾斜，以让人在抬头时视线垂直于画面为宜。

★ 装饰画的悬挂高度一般为画芯与人的视平线齐高，这样人在观赏装饰画时就不用刻意抬头或低头，同时这一高度处于墙面中间的位置，更容易使整个空间获得平衡感，如图 8-25 所示。

图 8-25 挂画的高度

★ 对于混搭风格的挂画，要根据室内陈设的颜色来确定其色彩；同时如果内容与陈列品能在意境上得到有机统一，室内空间则更容易获得意想不到的和谐之美。在图8-26所示的画面中，蓝色椅子和绣墩都能从背景墙的装饰画中找到与之相应的色彩，使整体空间获得协调感。

图 8-26 挂画与其他元素呼应

★ 选择挂画时不能只考虑画品本身，还要考虑其与周边环境（室内空间的其他软装元素）的形态、大小之间的关系，使之成为一个整体。图 8-27 中左图装饰画与墙面上的镜子和壁炉形成稳定的三角形关系，右图采用组画的形式让挂画与沙发构成相同的流线走向，从而使挂画组合与沙发在形态上产生共鸣。可以看出，挂画时需要考虑画品与周边一切物体之间的关系，这样才能与整体空间保持和谐统一。

图 8-27 挂画与周边环境的和谐统一

2 公式化挂画方法

为了使挂画获得统一和平衡感，有一些简单的公式化挂画方法可以让设计师快速找到合适的挂画排版。其实学习设计的过程也是从方法、公式开始，先找到解决问题的方法，然后上升一个层次，忘记公式，形成美学上的判断。

（1）对称挂画法

对称挂画法比较简单，而且容易获得平衡感，所以在室内软装中得到广泛应用。对称挂画法一般采用同一色系或内容相同、相似的挂画，使画面更显统一，如图8-28所示。

图 8-28 对称挂画法

（2）重复挂画法

重复挂画法采用相似画风、相同大小、相同画框进行等距重复悬挂，属于对称挂画法的延伸应用。重复挂画法因体量比较大，视觉冲击力强，因而需要用在层高较高、立面面积较大的空间中，如图8-29所示。

图 8-29 重复挂画法

（3）均衡挂画法

均衡挂画法属于对称挂画法的派生应用。对称挂画法左右装饰画的大小、数量完全相同，而均衡挂画法左右装饰画在大小、数量上有一定的变化，但在视觉上仍给人以对称、均衡的感觉，如图8-30所示。

图 8-30 均衡挂画法

（4）边线挂画法

边线挂画法就是让一组画的某一边对齐，使画面显得统一又有变化，对齐的边线可以是一组画的底部、顶部、左边或右边，如图8-31所示。

图 8-31 边线挂画法

（5）边框挂画法

边框挂画法即用一组画构成一个虚拟的方框，使整个挂画看起来整齐有条理，而方框内部的画框则可以有大小或横竖的变化。这种挂画方式容易获得统一感，同时还可以避免对称挂画法的单调感。图8-32所示为边框挂画法。

图 8-32 边框挂画法

（6）菱形挂画法

菱形挂画法是以一幅画为中心向四周发散，因整体呈菱形而得名。这种挂画方式生动活泼，富于变化，充满动感，如图 8-33 所示。

图 8-33 菱形挂画法

（7）对角线挂画法

对角线挂画法一般是由低到高或由高到低的连续性挂画，如果将组画的外边缘看作一个矩形，那么最左边与最右边的一幅画处于对角线的两端，如图 8-34 所示。

图 8-34 对角线挂画法

（8）结构挂画法

结构挂画法是指依据室内建筑的结构来选择挂画方式。这种挂画法一般会用到较多的作品进行组合。图8-35 所示为楼梯墙面的挂画，挂画随着楼梯台阶的升高而升高，调节画框（画幅）的大小与排列方式，使其沿着楼梯的倾斜方向布局。

图 8-35 结构挂画法

（9）自由挂画法

自由挂画法即不规则挂画法。这种挂画方式没有固定的模式，比较自由，给人以放松、自然、休闲的感觉。自由挂画法讲求的是相对均衡，需要考虑画框大小、画面重色（接近黑色的色彩）在整个墙面的均衡分布，如图 8-36 所示。这种挂画方式比较考验设计师对整体画面的掌控能力。

图 8-36 自由挂画法

（10）搁置法

搁置法是将装饰画直接放在搁板或家具上，从而能够与摆件更好地融合在一起。装饰画与摆件可以随时调整或更换位置，如图 8-37 所示。

图 8-37 搁置法

8.2 饰品摆件

从某种角度来讲，饰品摆件都是摆放在桌、柜或橱窗里供人欣赏的东西。它们种类繁多，如雕饰、小相框、烛台、风水摆件、瓶和小装饰品等。其材质几乎囊括了我们能想象到的所有固体材料，如铜、铁、不锈钢、石、玉、玻璃钢、树脂、玻璃、陶、瓷、黑陶、脱蜡琉璃、水晶、黑水晶和木材等。

8.2.1 中式饰品摆件

中式饰品摆件追求一种修身养性的生活境界，在装饰细节上崇尚自然情趣，有着花鸟鱼虫等精雕细琢且富于变化的造型。设计师不应刻意去追求装饰品的数量，而应该留意这些装饰品所表达和蕴含的意境，然后以中国特有的"留白"手法来体现主人对文化的理解，如图8-38所示。

图 8-38 各类中式饰品摆件

8.2.2 欧式饰品摆件

欧式摆件充满贵族气息，优雅和华美是其最突出的特色，如图 8-39 所示。在购置欧式风格的摆件时，要注意摆件是否与室内空间的整体风格冲突，摆件要与整个室内空间相融合，以免显得太突兀。在构图上应注重对称平衡合理放置，摆件之间有一定的联系，不可随意堆放。另外，摆件色彩在与整个室内空间协调统一的同时要有适度的对比。

图 8-39 各类欧式摆件

8.2.3 美式饰品摆件

美式风格家居陈设品的选择集中体现了美式生活理念中对自由、自然和舒适的狂热追求。由于受到融合文化背景的影响，美式陈设品在样式选择和位置摆放上并没有固定的套路，而是以方便使用为前提。美式风格的摆件与美式风格的其他软装元素一样，色彩稳重、大气，材质多为木料、树脂和有色金属等，如图 8-40 所示。

图 8-40 各类美式摆件

8.2.4 现代风格饰品摆件

现代风格饰品摆件的造型、色彩及材质丰富，不拘一格，线条简单，设计独特而极富创意，如图8-41所示。

图 8-41 现代风格摆件

8.3 生活用品和收藏品

室内空间中凡是可以移动的装饰物件都是软装元素，这自然也包括生活用品与收藏品。生活用品在某些室内空间中占有很大的"分量"，如卫浴空间中的洗浴用品，厨房、餐厅空间中的厨具餐具都是软装的主角。在进行软装设计时，应首先考虑生活用品与室内空间的色彩关系，然后才是风格的统一与协调。

图 8-42 所示为法式风格的餐厅和厨房的软装意向图，其中法式餐盘、果酱、红酒冰镇桶、香槟杯及西餐摆台等生活用品共同营造出浓郁的法式风情。

图 8-42 重庆信实公司张晓作品

图 8-43 所示饱满的欧式花艺、浪漫的法式香水、精致的首饰盒、蜡烛、洗浴液，甚至纸巾盒与拖鞋等元素，通过高低错落的摆放、秩序井然的陈设以及色彩之间的互相呼应，让高品质的生活跃然眼前。

图 8-43 重庆信实公司张晓作品

8.4 花艺作品

花艺指通过一定的技术手法，将花材排列组合或者搭配起来，使其更符合人的审美情趣或表达某一种主题或意境，以达到赏心悦目的效果。

花艺在软装设计中往往是作为点缀元素出现，可调节室内空间的节奏与气氛，体现自然、环境与人的完美结合。花艺讲究主题营造及空间构成，一件花艺作品在比例、色彩、风格和质感上都需要与其所处的环境融为一体，以便在室内空间的其他软装元素中找到"共鸣"。

8.4.1 花艺作品的主要风格

在软装花艺中，主要有以欧美为代表的西方花艺和以日本、中国为代表的东方花艺。

东方花艺崇尚自然、朴实和雅致，追求内在的精神共鸣，寓意深刻。在插花手法上追求以少胜多，折些许青枝配以绿叶，或有花，或无花，皆成一景，如图 8-44 所示。

图 8-44 东方插花（茅国俊作品）

　　西方插花注重色彩渲染，造型饱满，往往显得花繁叶茂、雍容华贵。西方插花多以草本花卉为主，布置形式多以几何体为主。其色彩艳丽丰富，以圆形、椭圆形、三角形、T 形、水平形、扇形和 S 形等几何形状为基本花型，有很强的装饰性。如果说东方插花追求"意趣之美"，西方插花则更追求"形色之美"，如图 8-45 所示。

图 8-45 西方插花

8.4.2　花艺作品在室内空间中的应用

　　作为软装设计中的一个元素，设计师对花艺的选择比创造更重要。就像面对挂画一样，软装设计师最重要的不是去研究、掌握绘画技能，那是画家的事。

1 花与花之间的色彩关系

　　花与花的搭配可选用单种色彩，也可选用多种色彩。单色搭配适用于素雅、安稳的室内空间，多色搭配则会使空间显得华丽，如图 8-46 和图 8-47 所示。

图 8-46 花的单色搭配

图 8-47 花的多色搭配

2 花与花器之间的关系

花与花器的色彩可以用对比色，也可以用类似色，材质更是丰富多样，具体如何选择还要取决于花艺与整个室内空间的关系。图 8-48 中左图使用蓝色透明花器，与墙面的蓝色相呼应，且透明材质符合空间清爽、冰凉的主题；右图绿色花艺的造型与墙面的挂画之间有着某种联系，给人一种画中之物向画外延伸的感觉，而灰色不透明花器则与空间的整体灰色调相契合。

图 8-48 花与花器的搭配

09 软装摆场

软装摆场是指软装设计师在美学法则的前提下，或以销售为目的，或以生活功能为目的，将软装元素按某种主题或氛围加以组合呈现。摆场应用范围广泛，如各类室内空间软装、家具卖场、商场陈列和橱窗等。真正的软装作品不能仅停留在 PPT 或效果图的提案上，而应通过摆场呈现出来。对软装设计师来说，摆场能力与软装提案能力同等重要。

9.1 软装摆场的美学法则

软装摆场分为商业摆场和家居摆场。商业摆场以促进销售为目的，家居摆场以营造良好的居家氛围、提高生活品质为目的。但无论是哪种目的的摆场，首先都应该遵循美学法则，没有美感的摆场只是对产品的堆砌。

9.1.1 平衡原则

平衡是美学中的基本法则，每个物体都有一个心理"重量"，在软装设计摆场中要注意这种"重量"之间的平衡关系，以便使这种"重量"在整个空间中的分布相对均衡。

物体有大小，色彩有深浅，质地有粗糙与细腻，软装设计中必须注意软装元素被组合在一起的整体协调感。整个空间的软装配置要做到大小、高矮、粗细和深浅相配合，做到有层次、有呼应、有局部变化，整体和谐而平衡，如图9-1所示。具体手法为从对称中求不对称，从平衡中求不平衡，做到软装元素有主次感、层次感和韵律感，同时注意与大环境的融合。通常应将装饰品组成一个不等边三角形，这样就可以在平衡中产生一定的变化。

图9-1 软装元素的平衡

9.1.2 变化原则

变化是整个世界永恒的法则。在软装设计中，最容易做的就是变化。想知道一个软装设计师的设计能力及其是否通过专业训练，最简单的方法就是看他的作品能否做到有序的变化。这里的"序"即下一小节要讨论的同一性原则。物体形态上有高低、大小、长短和方圆的区别，色彩上有冷暖及无限的色相变化，过分相似的形体被放在一起显得单调，但过分悬殊的比例看起来又不够协调。图9-2所示的壁炉上，不同摆件元素之间在材质、形态、高低、大小和色彩方面都有一定的变化。

图9-2 天坊室内设计公司张清平作品

9.1.3 同一性原则

物体与物体之间有着千丝万缕的联系，将软装元素按照一定的理由（主题）放在一起并找到它们之间的共同点，使元素之间互相呼应、形成共鸣是同一性原则追求的终极目标。图 9-3 所示左图中的床、床头柜及墙面都采用木材质，同时采用做旧手法使之呈现出自然的情趣，抱枕采用比较自然的花纹，集中体现了室内空间色彩；右图中白色的椅子与白色的墙呼应，抱枕的颜色及花的形状又与墙上的花纹呼应。

9.1.4 互补原则

同一性原则虽然是软装设计的核心法则，但过度统一有时会让空间没有生气，不容易表达出活泼时尚的主题。如窗外为葱郁的绿色，要再配上绿色的窗帘就容易使色彩"糊"在一起；而如果换用红色（必须把握好纯度、明度之间的关系），则能使两种色彩相得益彰。众所周知，互补色放在一起是最不好驾驭的，操作不好就可能出现令画面混乱的情况。紫色与黄色、红色与绿色都是互补色，通过面积对比及其他物体的分割，使画面呈现出一种低调的华贵，如图 9-4 所示。

图 9-3 软装元素的同一性

图 9-4 软装元素的互补

9.2 家居空间摆场技巧

家居空间中每个区域的功能不同，软装所用到的元素就不尽相同。这些元素之间既有某种联系，又有形态、大小、色彩、材质和肌理质地的区别。软装设计师既要掌握不同空间应该使用哪些元素进行搭配，又要处理好元素与元素之间、空间与空间之间的过渡与联系、对比与协调，这样才能使软装作品展现出无穷的魅力。

9.2.1 空间元素搭配

在家居室内空间中每个区域都有既定的功能，而与功能相适应的便是一些约定俗成的元素组合。这里讲的约定俗成绝不是一种公式或格式化的元素组合，而是一种常规的元素搭配方式，特定空间的元素组合可以千变万化，不能千篇一律。

1 玄关元素搭配

玄关柜可摆放的物品有香包、小型摆件、相框、花瓶及玄关灯等，一般玄关台（或玄关柜）上方应挂玄关镜或装饰画，如图 9-5 所示。

图 9-5 天津尚层装饰作品

2 客厅元素搭配

客厅常规的家具有沙发、茶几、电视柜和矮柜等。沙发与抱枕是永恒不变的组合；茶几上可以放置茶具、书刊、酒具和花艺摆件等；电视柜上可以摆放花瓶、相框、成品花、书刊、陶瓷、树脂工艺品、烛台和酒具等，如图 9-6 所示。

图 9-6 重庆汉邦设计公司作品

3 餐厅元素搭配

餐厅中常用的家具有餐台、酒柜、餐边柜和餐车等。餐台上一般摆放红酒、花瓶、餐具、陶瓷、酒具和布艺等；酒柜、餐边柜、餐车上可以摆放红酒、茶具、餐具、陶瓷和酒具等，如图 9-7 所示。

图 9-7 重庆汉邦设计公司作品

4 书房元素搭配

书房的家具一般比较简单，主要有书柜和书桌、椅子，大一些的书房还可以配置贵妃榻、休闲椅、茶桌和装饰柜等。书柜中可以摆放书籍、相框、成品花、烛台、餐具、陶瓷、树脂工艺品和酒具等；书桌上可以摆放书籍、相框、台灯、茶具、灯具和地球仪等，如图9-8所示。

图9-8 重庆汉邦设计公司作品

5 卧室元素搭配

卧室的家具有床、床头柜、床尾凳、梳妆台和电视柜等。床上可放置床上用品、抱枕、香包和床旗（床尾巾）等；床头柜上可以放置台灯、书籍、相框、咖啡杯、成品花、花瓶、烛台、陶瓷和树脂工艺品等；梳妆台上可以放置相框、成品花、花瓶和烛台等；电视柜上可以摆放一些小件，如花瓶、相框、成品花、烛台、书籍、陶瓷、树脂工艺品和酒具等；床尾凳上可以放置布艺果盘、鲜花等。图9-9所示为卧室元素搭配示例。

图9-9 重庆汉邦设计公司作品

6 卫生间元素搭配

家庭卫生间通常可以分为3个区域：卫生洁具区、洗浴区和洗脸美容区。每个区域之间都有着紧密的联系，同时又具有功能性的区别。卫生间看似没有什么软装，其实大有文章可做，如挂画、盥洗台面的花艺、小摆件、洗漱用品、毛巾、马桶垫、纸巾盒、纸篓和镜前灯等都是重要的软装元素，如图9-10所示。

图9-10 重庆汉邦设计公司作品

9.2.2 摆场技巧

所谓软装摆场技巧，其实就是对软装美学法则的具体应用。如果说前面讲的软装美学法则是宏观的，那此处所说技巧就是微观的、细节的。当然，如果学习软装美学法则只是停留在对概念的理解上，而无法付诸实施，就等于是纸上谈兵。也就是说，活学活用才是软装的精髓。下面这首七言诗承古律而兴时尚，能很好地概括软装摆场技巧。本节即围绕这首诗来展开探讨。

《七言·软装》

软装色彩必先行，

家具灯光空间影。

布艺软织勿抢镜，

画花摆件互倾听。

1 软装色彩必先行

色彩是软装设计中首要考虑的因素，软装摆场也不例外。在软装摆场中，首先要注意各元素之间色彩的和谐。

（1）主体色的确定

软装的主体色，首先是考虑"硬装"的色彩倾向，然后是确定家具的色彩。家具一般采用与硬装主色调统一的色彩。

图 9-11 所示的装饰柜与桌椅采用同一色系，将整体空间定位为暖色调。软包坐靠与部分椅子采用灰色，与木色家具搭配，使空间显得素雅而干净。

图 9-12 所示是一个用餐空间，地毯和椅子的冷灰色与整个空间的灰色为同一色系。空间中的暖色主要来源于墙面的装饰画、顶面的光源，以及左边隔断后的一抹黄色。

图 9-11 主体色为暖色

图 9-12 主体色为冷灰色

（2）色彩与主题的关系

软装的色彩是为主题服务的，因而应迎合主题。色彩的对比与统一只是手段，要使空间有灵魂，必须先考虑空间的主题。这样的色彩有"出处"、有"故事"，更容易与空间、与身处其中的人产生共鸣。图 9-13 所示空间打造的是一种自然的主题，但在空间中又没有使用常规的用于体现自然的元素（如绿色植物、天然材质等），而是用透明拉线将片片树叶的造型从天棚吊下，片片树叶沙沙飘落，宛如秋风掠过。地毯上的深绿色与原木色家具就是对自然最好的诠释，同时又与整体环境相融合、协调。这样的软装手法将浓浓的自然意境以简洁、时尚的方式展现得淋漓尽致，同时又表达含蓄，简单中透着不简单。

图 9-13 色彩与主题统一

2 家具灯光空间影

在软装设计及摆场中，家具与灯光所形成的影像是室内空间风格的骨架。只要选定家具与灯具，室内空间的风格基调即形成。

图 9-14 所示为一间公寓的软装。洁白的家具、古典的灯具将北欧斯堪的纳维亚风格完美地勾勒出来。

图 9-14 家具体现空间风格

图 9-15 所示为客厅一角的摆场。欧式沙发与灯具奠定了欧式风格的基调，壁炉的造型与右边的落地灯使空间充满现代感，皮箱与落地灯、壁炉、家具三者形成黑、白、灰的色彩层次关系。

图 9-15 灯光与家具打造空间风格

3 布艺软织勿抢镜

    绝大多数情况下，布艺都是作为背景或点缀，在整个空间中处于从属地位。图9-16中布艺与整体环境融为一体，沙发是客厅的中心，整个空间的视觉焦点应在沙发上，窗帘、抱枕和布艺沙发的色彩与花纹都是用来衬托家具的存在。

图9-16 布艺作为背景

    然而在表达氛围热烈、活泼的室内空间时，布艺往往发挥着不可替代的作用，甚至可能成为空间中的主角。图9-17中紫色、绿色和黄色布艺被并置，使空间洋溢着姹紫嫣红般春天的气息。

图 9-17 布艺作为主角

4 画花摆件互倾听

摆件和装饰品等小件是用以衬托主体家具的,不可喧宾夺主。装饰品的摆放讲求构图的完整性,要有主次、有层次感和韵律感,同时还要注意与大环境的融合。这里所说的融合主要是指注意画品、花艺和摆件之间内在与外在的关联。

图 9-18 所示墙上的 3 幅挂画使用与墙纸、抱枕相同的纹样,白色画框、蓝色墙面与旁边的白底蓝色花纹正好形成"图与底"的互换,抱枕之间也在重复着这样的互换。同样蓝色与白色的组合又变换成不同的表现形式体现在"茶几"上,甚至单人沙发上也有呼应。整个空间虽然色彩简单,却极具节奏与韵律感。

桌子上的插花与墙上挂画中的内容为同一花科的植物,抱枕上的花纹以比较抽象的形式与挂画、插花相呼应,形成稳定的三角形关系,如图 9-19 所示。

图 9-18 色彩的韵律

图 9-19 花艺在空间中的延展

抱枕的造型与色彩，茶几上的插花、咖啡杯和双层茶点，茶几下层的紫色书籍，藤编收纳篮中的紫色物件，窗外的点点紫色，与墙纸共同构筑成一个丰富多彩的画面，使空间生机盎然而不失静雅的意境，如图9-20所示。

图9-20 抱枕与其他元素的融合

所谓呼应即物体与物体之间存在的某种联系。呼应有外在的呼应与内在的呼应，外在的呼应主要包括色彩和外形两方面，内在的呼应有时可以是互补。图9-21所示抽象油画的色彩遍布整个室内空间，插花、摆件、抱枕等无不在解释这幅画的含义，画中没有说完的"话"由软装设计师通过陈设展示出来，这就是内在呼应的一种。

图9-21 画中色彩的延展

10 软装设计全案

做软装设计全案的目的是让客户理解并接受软装设计方案，它能将设计方案、设计本身及软装实施过程（如采购、备货和定做等）全部展示出来。

软装设计全案不仅包括设计风格、设计概念、设计内容、色彩分析、材质分析等设计方面的内容，还包括前期客户定位、后期采购、选材、定制和摆场等环节。它可分为前期客户及项目定位、中期软装方案设计、后期采购及制作执行和现场摆场陈设4个层面。这4个层面对软装设计师的执行能力要求极高，即设计师要能够将最终效果和前期设计理想地匹配起来。当然，软装设计师还需要对整体风格进行把控，对色彩进行调配，对家具、布艺、灯具、饰品等制作工艺进行严格把关。

10.1 客户定位

客户定位在软装设计中是一个非常重要的环节，准确的定位能让软装设计师与客户进行充分、良好的沟通，从而更好地用软装方案去诠释客户的想法。注意要避免设计师与客户产生误会，例如在与客户沟通的过程中，设计师对风格定位错误导致方案最终未达到客户想要的效果，这样的情况很普遍。因此在设计前期阶段，设计师与客户之间进行专业有效的沟通显得尤为重要。

软装设计的客户定位一般分为两个部分：第一个部分是关于客户本身的，如客户的职业、年龄、性别和人口等个人信息的定位；第二个部分是关于设计本身的，如设计风格、颜色、材质及与硬装的结合等。表10-1和表10-2包含了客户前期定位的基本信息。

表 10-1 客户信息登记表（家装）

客户信息登记表（家装）			
姓名：	年龄：	性别：	职业：
联系地址：		联系电话：	
功能分区：□起居室 _ 间 □主人房 _ 间 □儿童房 _ 间 □老人房 _ 间 □书房 _ 间			
□客房 _ 间 □餐厅 _ 间 □阳台 _ 间 □影音室 _ 间 □其他			
硬装设计效果图：□有 □没有	硬装设计施工图：□有 □没有		装修进度：
设计风格定位：	色彩分析定位：		
其他补充			

表 10-2 客户信息登记表（工装）

客户信息登记表（工装）			
项目名称：		项目地址：	
项目联系人：		项目联系人电话：	
项目类型：□餐厅 □酒店 □样板间 □售楼部 □连锁店 □其他			
硬装设计部门联系人：	联系方式：		
施工部门联系人：	联系方式：		
硬装设计效果图：□有 □没有	硬装设计施工图：□有 □没有		装修进度：
设计风格定位：	色彩分析定位：		
其他补充			

由以上表格可以看出，项目情况不同，家装和工装的客户分析所需要了解的信息也不同，但是二者都离不开客户个人信息和项目相关信息。只要把握住这两点，对项目的把控就会相对容易得多。

10.2 方案设计

软装的方案设计对于刚入门的软装设计师而言是一个难关。很多设计师在刚进入软装设计行业的时候，都没有明确的目标和方向，以致在设计方案的表达上出现了一些偏差。其实对于从事软装行业多年的设计师来说，要设计一套软装方案是非常简单的。下面就给大家介绍一下如何更好地对软装方案进行表达。

10.2.1 方案的表达方式

从软装设计这个行业进入人们的视野到现在也有近十年的时间了，期间软装设计师经过不断的摸索和探寻，创造出很多软装设计方案的表达方式。从最开始的简单拼图，到后来的方案呈现，再到现在软装设计软件的开发，每一次创新其实都是为了让软装设计师更好、更快捷地做出软装方案。关于软装方案的表达，有几种方式是值得延续及借鉴的。

1 软装方案的内容

在做软装方案的时候，首先必须清楚地知道软装方案所包含的内容。

（1）封面设计

一般来说封面是根据公司的名称、LOGO 等进行固定格式的平面设计,也可根据软装的主题进行设计，第3章软装提案中对此已有详细叙述,如图10-1所示。

图10-1 吴梵创意设计中心作品

（2）目录

目录主要展示软装方案中包含的内容及所在的页面，以便项目相关人员查找与阅览，如图10-2所示。

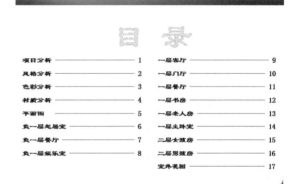

图10-2 吴梵创意设计中心作品

（3）项目分析

项目分析主要是针对项目的环境、风格和人文进行分析，以便更好地掌握设计方向，为风格的分析作铺垫，如图10-3所示。

图10-3 吴梵创意设计中心作品

（4）客户分析

不论是家装客户还是工装客户，客户分析这一步骤都是必不可少的。只有对客户分析到位，才能更好地把控项目的设计方向，如图10-4所示。

图10-4 吴梵创意设计中心作品

（5）色彩分析

色彩分析主要是通过分析硬装设计概念，确定软装将会用到哪些色彩，弄清软装元素之间、软装与硬装之间的色彩关系该如何协调，如图10-5所示。

图10-5 吴梵创意设计中心李漫林作品

（6）材质分析

材质分析与色彩分析一样，也需要根据硬装的设计方案进行规划，如图10-6所示。

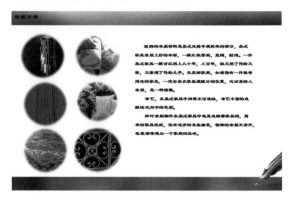

图10-6 吴梵创意设计中心李漫林作品

（7）软装设计呈现

软装设计呈现主要是针对每个区域进行软装设计，内容主要包括家具、灯具、饰品、窗帘、地毯和画品等，如图10-7~图10-9所示。

图10-7 吴梵创意设计中心李漫林作品

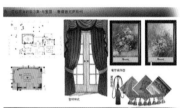

图10-8 吴梵创意设计中心李漫林作品

图10-9 吴梵创意设计中心李漫林作品

（8）封底设计

封底与封面的设计思路一样，要尽量做得简洁，给人以轻松的感觉，如图10-10所示。

谢 谢 欣 赏

图10-10 吴梵创意设计中心李漫林作品

2 软装方案的表达方式

软装设计方案的表达方式多种多样，只要能充分表达设计思路，良好地呈现软装设计即可，如透视式软装方案、产品陈列式软装方案、三维虚拟效果图软装方案和3D打印模型软装方案等。从经济与工作效率的角度考虑，前两种方式可操作性较强。在同一方案中也可以同时使用两种方式，具体可根据设计内容与素材来决定。

（1）透视式软装方案

所谓透视式软装方案，就是根据软装设计内容的透视关系，按照平面图进行摆放，做成简单的视觉效果图。透视式软装方案主要用于软装深化方案，对软装方案涉及的所有家具按照平面图的摆放位置进行排版设计，如图10-11所示。

图10-11 吴梵创意设计中心李漫林作品

（2）产品陈列式软装方案

产品陈列式软装方案主要用于家具图片无法支持做维和图效果，但又要非常明确地向客户展示空间中所有内容的情况，如图10-12所示。

图10-12 吴梵创意设计中心李漫林作品

10.2.2 快速制作方案

软装方案的制作方式和内容在前一章已经介绍过了。对于软装设计师而言，一次软装设计的周期一般在3~5天，如果能将这个时间缩短，就可凸显优势。毕竟在这个什么都讲效率的时代，时间是很宝贵的。快速制作方案可以分成以下几个步骤进行。

1 快速读懂施工图（至少是平面图）

首先，需要知道施工图上的几个数据：层高、房间长宽、房间面积、家具布局和家具尺寸等。只有知道这些数据，才能有的放矢地去选择软装产品。

其次，需要确定施工图上哪些部分要做软装设计，例如橱柜、电视柜和衣柜。这里的软装设计部分是指活动的家具及灯具。另外，还需要确定柜体是在施工现场定制还是单独定制，这对于软装设计师来说是非常重要的。

最后，需要确认施工图中灯具的位置及数量。灯具方面如果没有特殊要求，筒灯和射灯一般归硬装施工方进行配备，软装设计只需要配备主吊灯、壁灯和落地灯。

2 分析效果图内对软装有帮助的内容

从室内设计效果图中可以非常直观地看到室内硬装设计中所需要的数据，如色彩、造型等，因此对效果图的分析也是非常有必要的。但是不能过于依赖效果图，只能将其作为参考。在参考的时候，需要注意以下几点。

先拿效果图和施工图进行对比，查看两者之间是否有设计上的区别。因为效果图往往是设计师做的初稿，在施工过程当中很可能会在设计上有一些改动。

从效果图上能看见墙面造型，根据墙面造型可以为墙面配置装饰画或者挂件。

从效果图上初步判定室内的设计风格，这样在做软装设计的时候更容易树立明确的目标。

3 把握做方案的思路

在进行软装设计的时候，首先应思考整个软装方案的色彩、内容等。一般来说，室内软装方案是从门口处开始实施的，表 10-3 展示了空间中需要设计的内容。

表 10-3 空间软装设计内容

序号	空间名称	家具	灯具	画品	窗帘	地毯	饰品
1	玄关	换鞋凳	吊灯	装饰画			挂衣架
2	客厅	沙发、边几、茶几、电视柜	吊灯、落地灯、壁灯、台灯	装饰画	装饰窗帘、遮光窗帘	装饰地毯	花艺、其他装饰物品
3	餐厅	餐桌、餐椅、餐边柜	吊灯	装饰画	装饰窗帘、遮光窗帘		花艺、其他装饰物品
4	主卧室	床、床头柜、电视柜、梳妆台、梳妆凳、衣柜	吊灯、台灯	装饰画	装饰窗帘、遮光窗帘	装饰地毯	花艺、其他装饰物品
5	次卧室	床、床头柜、电视柜、梳妆台、梳妆凳、衣柜	吊灯、台灯	装饰画	装饰窗帘、遮光窗帘	装饰地毯	花艺、其他装饰物品
6	书房	书柜、书桌、书椅、书凳	吊灯、台灯	装饰画	装饰窗帘、遮光窗帘		花艺、其他装饰物品
7	阳台	休闲椅、休闲桌					花艺、其他装饰物品
8	其他（走廊等墙面）	装饰画、装饰挂件					

上表主要针对的是软装设计过程中需要考虑的从地到顶的软装陈设内容。在做室内设计的时候要以此表内容作为一个参照，养成习惯就不容易遗漏了。

4 日常习惯对于软装方案表达的帮助

设计师在做软装方案的时候通常会针对项目搜集很多相关的图片资料，并进行整理。在搜集图片的时候要尽量选择高清、白底的照片以便使用，如图 10-13 所示。

另外，还需要对搜集到的图片进行分类保存，这样后期就更容易快速找到所需图片。

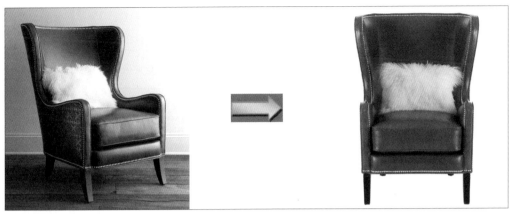

图 10-13 家具效果照片及白底家具参照图

10.2.3 软装预算及合同

当软装方案得到认可之后，就到了软装设计整个过程中最重要的环节，即软装实施的预算及合同的签订。客户对每个项目都有一个合理的心理价位，因此软装预算应尽可能接近这个心理价位，这样成功率才会更高。软装的预算报价与合同是维护客户和设计师共同利益的保障，也是后期执行的依据，因此预算及合同在整个软装的过程中是非常重要的。

1 报价内容

在做软装预算报价表的时候，要将所有的信息都清楚明了地表达出来。表格中不仅要写清楚设计类的信息，更应该仔细核对所有价格。

每个公司都有自己的报价方式，但是大致内容都一样。软装产品报价单的形式如表 10-4 所示。

表 10-4 软装产品报价单

序号	产品编号	产品名称	产品位置	图片	尺寸（单位：mm）长×宽×高	材质	颜色	数量	单价（元）	价格（元）
1	1F-01	换鞋凳	玄关		800×350×450	木质+布艺	金色软包+深色木纹	1	1200	1200
2	1F-02	三人沙发	客厅		2400×950×800	布艺软包	深咖色	1	12800	12800
3	1F-03	客厅吊灯	客厅		直径 1200	水晶+铁艺	金色	1	6500	6500

2 报价流程

要根据相关的报价流程,对整个软装方案进行报价。这样报的价格才是最全面、最准确的。

首先列出所有产品的项目,包括数量、材料等,根据平面图和客户的需求做出表格。不同的材料价格相差也会比较大,所以需要将产品的数量、颜色、材料等清楚明白地列出来。

一般来说,产品会根据厂家进行分类报价,如图 10-14 所示。

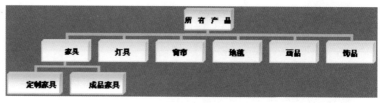

图 10-14 分类报价

注意必须清楚软装产品的出厂价,这样才可以算出此次项目的成本价格,然后按照公司的合理利润进行报价。

报价完毕之后,还要在报价单上列出税收、摆场费、物流费等项目。由于软装项目存在后期摆场及外地项目,因此摆场费及物流费是报价表中必不可少的。

3 软装合同

软装合同一般分为设计类合同和采购类合同两类。

设计类合同: 设计类合同一般来说只针对软装设计,且比较简单,设计完成之后合同便终止,不存在太多售后问题。

采购类合同: 采购类合同更多会牵涉到采购金额、采购方式、售后服务等内容。针对这类合同,如果需要将所有的货款支付给供应商,那么一定要保证客户在摆场之前将所有产品款项付清。一般软装采购类合同的付款流程是 3:6:1。即签订合同三日内支付合同款项的 30% 作为首付款,设计方按照合同内容采购,在货品出货前要求甲方支付合同款项的 60% 作为进度款,余下 10% 作为质保金,按照甲方要求,可以分为 3 个月、6 个月、1 年的质保金。

不论是哪一种合同,都需要体现出相关法律的权益保护,如双方履行职责、违约责任等。

10.3 采购制作

软装产品的采购主要分为成品购买和定制产品两种方式。在采购过程中有许多需要注意的地方,除了应注意产品的采购方式外,还应该明确价格受采购方式影响产生的波动是否在成本能够控制的范围之内。

10.3.1 采购流程

在与客户确认完所有物品后,接下来就要进入采购环节。针对不同的采购方式,有不同的采购流程。在采购过程中,如果能驾驭采购流程与采购供货周期,就能节省很多时间成本。

1 采购流程

采购流程分为定制流程和成品采购流程两种。

（1）定制产品流程

确认采购渠道→确认工厂图纸→确认材料→甲方、乙方共同确认材料→开始生产→生产过程中监测→验收产品→确认发货→验收现场货品→摆放货品→甲乙双方验收。

（2）成品采购流程

确认订单→确认采购渠道→确认采购产品→确认到货时间→甲乙双方验收。

在采购过程中难免会遇到一些突发事件，但是只要在确认的过程中注意每个细节，就能够避免很多不可预见的问题。

2 订货周期参照表

根据采购货品、采购方式和采购地点的不同，采纳时间也会有所不同。制定出采购时间表，能够更好地掌握整个采购过程。下面用一张采购时间节点表来说明软装采购的顺序（注：表10-5按1个月30天来算，仅供参考，请具体情况具体分析）。

表10-5 定制产品采购时间节点

项目	定制产品采购时间节点									备注
	第1月			第2月			第3月			
	1~10	11~20	21~30	1~10	11~20	21~30	1~10	11~20	21~30	
家具	CAD家具图纸确认	家具白茬出样及样品确认		组装、上色、海绵、布料		确认货品无误，出货	货到现场进行摆放及后期维护等			工厂排单工期顺延
		家具木色色板及布板确认		每一步都需要客户确认						
灯具	CAD灯具图纸确认	灯具配件样品确认		加工、组装		确认货品无误，出货	货到现场进行安装及后期维护等			工厂排单工期顺延
				每一步都需确认						
窗帘	样式、布料确认	第10~15日现场尺寸确认	第16~28日窗帘加工	上门安装	货到现场进行安装及后期维护等					遇节假日工厂不发货或不查货
地毯	样式、颜色确认	第10~15日出单	加工 成品需要照片确认	确认货品无误	货到现场进行安装及后期维护等					工厂排单工期顺延
雕塑	第1~5日尺寸、图纸确认	第6~15日图纸、泥稿确认	第16~30日泥稿翻模制作	确认货品无误	货到现场进行安装及后期维护等					工厂排单工期顺延
画品	第7~10日成品装饰画			确认货品无误	货到现场进行安装及后期维护等					工厂排单工期顺延
	第10~15日油画、实物装置画									
项目	成品物品采购时间节点（家具、饰品）									
家具	国产家具：有货15天，无货30天			进口家具：有货3个月，无货6~12个月						国产家具遇春节工期推后1~2个月，进口家具遇圣诞节工期推后1~2个月
饰品	内销饰品：有货10~15天，无货要看工厂加工排单情况			外销饰品：有货10~30天，无货就基本没货						

10.3.2 定制产品的采购方式及注意事项

在定制产品的采购过程中，不仅需要具备专业的订购知识，还需要把控每一个订购细节，才能制作出好的产品。其中选材、油漆、布料等每一个细节都需要非常细致地进行处理，因此凡是定制类产品，如果能够提前了解采购方式和注意事项会避免很多不必要的麻烦。

1 确定定制产品的采购方式

对于定制产品而言，采购方式的选择非常重要。不论哪种产品，选择是否定制、找什么样的工厂定制都是前期非常重要的一步。

不论是家具、灯具、雕塑还是地毯，每种定制项目的材质和定制方式都不一样。所以在确定产品需要定制的时候，应先确定定制工厂。

软装产品大多是可以定制的，但是每个项目的定制产品都有其独特的定制方式，具体分类如下。

（1）木质类定制产品

木质类定制产品不仅包括木质家具，还包括木质灯具、木质雕塑、木质饰品等，如图 10-15 所示。

图 10-15 木质类定制产品（雕塑、落地灯和木质花板）

（2）金属类定制产品

金属类定制产品比较特殊，主要分为铸模类定制和手工类定制。

铸模类定制产品主要用于尺寸和形态固定的产品，一般是大批量生产，一个模的价格会比产品本身的价格高出很多。

金属手工定制产品主要是人工通过镶、嵌、磨、打等手法对金属进行加工而成，适用于个性化产品，如图 10-16 所示。

图 10-16 金属类定制产品

（3）布艺类定制产品

布艺类定制产品主要有窗帘、布艺类沙发等。布艺在整个空间中占用面积较大，在色彩与材质上都有其独特的语言。布艺运用得恰当，可以改变整个空间的感受，如空间太过硬朗，可通过布艺的材质使空间变得温馨，如空间太过单调可运用布艺丰富整个空间的色彩，如图 10-17 所示。

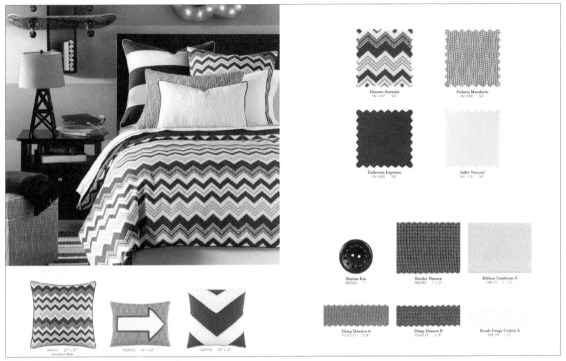

图 10-17 布料定制选型及定制成品对比

（4）装饰画品定制

如今装饰画品的定制有很多种方式，装饰画品由最开始单纯的画品形式演变成各种实物的装置艺术画品。定制时可选择纯绘画形式的产品，也可选择实物定制类的装置艺术产品，如木质艺术品、金属艺术品、布艺艺术品等，如图 10-18 所示。

图 10-18 装置艺术画品定制（实物类定制、绘画类定制、木质雕刻类定制）

（5）地毯定制

地毯有丰富、柔化空间的作用。地毯主要是依靠材质来确定定制方式。常见的地毯类产品有腈纶地毯、进口羊毛地毯、国产羊毛地毯、麻质地毯和 PVC 地毯等。地毯材质不同，定制的方式也是不一样的。

腈纶、羊毛地毯：由于腈纶、羊毛是由染色线织成的，因此可以根据设计图纸进行定制。

麻质地毯：麻质地毯本身色彩单一，只有靠编制方式的不同来区别纹样，如图 10-19 所示。

图 10-19 麻质地毯

PVC 地毯：PVC 地毯一般用于多水、多油、办公或其他需要长期清理、用水冲刷的区域。此类地毯价格比较低廉，采用拼接方式全屋整铺施工。PVC 地毯色彩多变，花纹多样，因此现在应用比较广泛，如图 10-20 所示。

图 10-20 PVC 地毯

2 定制类产品注意事项

凡是定制类产品，不论什么材质和图案，在定制的过程中都需要将图纸、材质核对清楚，同时还要注意以下几点。

（1）图片确认

彩色图片的确认，一般来说是针对饰品定制和特殊产品定制。此类定制一定要在每一个步骤都进行跟踪查看，确定色彩、形态和雕花等与彩图相对应。

（2）图纸确认

定制图纸的确认，一般来说是针对灯具、家具、地毯等需要出 CAD 或者 PS（Photoshop）图的定制类产品。此类产品需要设计师将成型的产品转换为专业图纸进行方案和材料的确认，如图 10-21 所示。

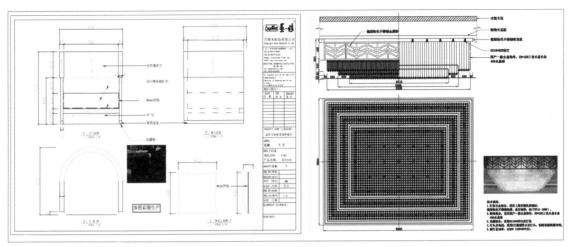

图 10-21 定制图纸示例

（3）材料确认

定制产品过程中最重要的部分就是材料的确认。在确定尺寸及形态之后，需要看见真实材料及色彩。如布料与木质颜色喷漆，在图片上都是看不到真实色彩与质地的，因而需要对真实材料进行确认。

材料的确认需要分别与制作方（生产厂家）及客户两方进行确认。很多设计师为了方便，比较偏向于向客户口头转述材料的手感、颜色等，其实这是一个很不好的习惯。如果在产品生产之前没有让客户真实地触摸或观察到产品，可能会由于客户对产品和色彩理解的偏差，出现不满意甚至拒绝收货等问题。因此，真实材料的确认是整个设计过程中必不可少的步骤。

（4）出厂前的产品检验

在出厂前需要对定制产品进行一次确认，在检验的过程中应该遵循以下原则。

形态：判断形态是否和图片上一致，有无按照特殊定制要求进行生产。

漆面：最基本的方法是一看、二摸。看颜色是否与色板一致、是否均匀，从侧面看漆面是否有气泡；摸木质打磨是否平滑（特别是雕花的地方有无割手的情况），摸大面积的漆面是否有凹凸不平的气泡，摸转角面是否平滑。

软包：主要是看布艺包得是否平整、绲边是否平直及接缝是否平顺。如果是沙发类产品，则需要重力压下之后查看海绵及布艺的回弹度。

10.3.3 各类产品在制作中的常用术语

软装产品有家具、灯具、布艺、画品、地毯和饰品等，在定制的过程中，每个行业都有各自的一些专业术语。下面就带大家了解一下各种软装项目在加工及设计当中的一些专业术语。

1 家具

家具的定制步骤为：确认图纸→木工下料→车床定制组件→组装→打磨→油漆→海绵布艺定制→五金安装。

（1）白茬

在加工的过程中，将下料组装之后完成的初步组装家具叫作"白茬"，如图10-22所示。白茬没有上漆，设计师一般会根据图纸对白茬做出形态判定，如有不正确的地方会要求厂家进行更改，如腿部的粗细、靠背的倾斜度、家具的高度等。

图 10-22 白茬

（2）油漆

油漆在整个加工过程中非常重要，除了有颜色的区别外，还有漆面光度的区别。油漆按光度一般可以分为：一分光、三分光、五分光、七分光和烤漆面。一分光通俗地讲也可叫作亚光，越往上光度越高，最亮的为烤漆面。由于每个工厂的亮光光度是不一样的，所以需要工厂展示漆色的样板进行确认。漆面越亮，制作周期越长。

2 灯具

定制灯具的组装部件，如图10-23所示。

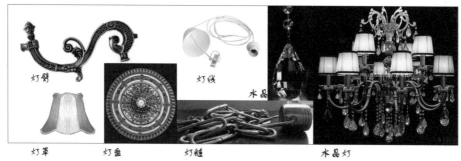

图 10-23 灯具组件名称

3 布艺

布艺在整个软装中所占的比重非常大，一般用于窗帘和家具软包上。

（1）扪布

在家具的定制过程中，将海绵固定好之后，下一步就是扪布。在扪布的时候，不同的沙发款型有不同的叫法，如图10-24和图10-25所示。

图 10-24 沙发结构的专业术语（品牌卡帕尼斯 CARPANESE）

图 10-25 沙发结构的专业术语（品牌阿尔塔维拉 ALTAVILLA）

（2）窗帘中的专业术语

窗帘的结构可分为轨道、窗幔、窗身、扶手、挂钩及吊穗等部件。在窗帘的定制中，有一个专业术语叫"倍褶"。一般来说，窗帘定制的规格为2倍褶、2.5倍褶和3倍褶。褶皱跟窗帘的波幅相关，褶皱越多，窗帘波幅越圆，用布量就越大。例如窗户的宽度是3m，1.5倍褶的用布量就是4.5m，而3倍褶的用布量就是9m，如图10-26所示。

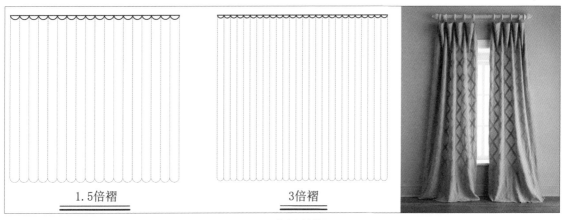

图10-26 窗帘褶皱效果

4 地毯

地毯也分为手工地毯和机织地毯两种，一般手工地毯价格会比较昂贵。

5 画品

现在市面上的画品种类丰富，除了常见的油画、印刷画和水墨画外，还出现了很多以实物为画芯的特殊定制画。画品定制方式多种多样，但是不论其画面如何，在定制的时候都离不开画框和卡纸。常见的几种卡纸定制方式，如图10-27所示。

图10-27 画框和卡纸定制

10.4 货运

在整个软装设计过程中，货运是最后一个部分，也是非常重要的一个部分，虽然没有什么技术可言，但是需要细心和先知。经验丰富的项目经理会对货品出厂、到场及安装摆设的全过程进行有效监管，以避免不必要的损失。

在货运过程中，最重要的是搬运时人员及货物的安全问题，因此现场勘察、路线勘察、货物运输及摆放等事项都要予以高度重视。

10.4.1 打包的注意事项

在打包货品的时候，一般会将成品货品和定制货品区分开来。

成品货品从加工厂出来的包装是比较完善的，一般都是固型的泡沫包装加上纸壳包装，如图 10-28 所示。

图 10-28 成品货品打包

定制货品的包装需要打包人员有高度的责任心，由于没有固型的泡沫包装，如果处理不好就很容易在货运过程当中导致货品损坏。因此，定制货品在包装的时候一定要注意以下几个步骤。

货品外面先用一层防划的膜遮盖住，如果有尖角或者特殊部位一定要单独包装，如椅子的腿部、家具的雕花部分、灯具的灯臂弯管部分等。

用带气泡的防撞膜再进行一次包装，此次包装也同样需要覆盖到物品的每一处。

纸壳包装分为两种方式：一种是纸箱包装，另一种是将纸壳拆分开，把物品全部包裹起来。需要注意的是，纸箱包装应该用泡沫、布料等软性物品将纸箱内的空隙全部塞满，以保证纸箱里面的物品不会晃动，如图 10-29 所示。纸壳包装要将物品的所有部位都用纸壳包装好。

图 10-29 定制货品打包

木架包装是指将需要货运的物品打上木架，以方便搬运和放置。在做木架包装的时候需要注意的是，要将货品全部囊括在木架里面，并保证包装的完整性和稳固性，如图 10-30 所示。

图 10-30 木架包装

10.4.2 摆场前的货运接收、验货及出库

在摆场前，订购方需要对货品进行验收之后再出库。注意一定要细心检查，如果货物出厂时没检查出应该查出的问题，一旦产品离厂，后期责任则无法划定。在货物做出厂前检查的时候，应该注意以下问题。

★ 家具需要看漆面是否完好，腿部等是否有裂痕，软包部分线缝是否整齐，铆钉是否完好无脱落等。

★ 灯具要看灯体是否完整，配件是否齐全，水晶等易损配件是否完好。

★ 画品要注意画面是否符合设计要求，是否有损坏，画框连接处是否连接完好等。

★ 布艺类产品主要是检查数量是否齐全，是否按照设计要求定制，尺寸是否合适等。

★ 饰品应检查数量是否正确，是否有损坏等。

★ 外地购买需要快递或者长途货运的货物，一旦出现问题则很难划分清楚是供货方还是货运方的责任。因此，在接收此类物品时应注意以下几点：①提货时轻拿轻放；②在拿到货物时检查外包装是否有损坏，如有损坏立即进行现场拍照（在交货地点与货运部交货时拍照）；③轻晃包装，如有异响立即要求拆开包装检查，并将每一步都拍照留证；④一旦货物出现任何问题，立即与供货方联系，由供货方与货运方沟通赔偿问题。

★ 凡是按项目购买的物品必须在公司进行货物入库，并分项目进行入库，以便项目开始时按照入库货单进行货物的出库，更便于货物的点算、清理等。

10.5 现场布置

现场布置一般称为摆场，是软装流程的最后一个环节。在设计及采购过程中，同步装修的"硬装"材质、造型、色彩等都有可能发生或多或少的变化，因此在摆场过程中需要设计师根据现场情况进行调整。现场布置分为现场勘查、货物收纳和现场陈设几个步骤。下面就给大家讲一下现场布置的勘察、陈设和后期调整的整个流程。

10.5.1 陈设前的现场勘查

在货品出货时，项目组一般会派遣一人到现场进行勘查。工地现场情况复杂，特别是售楼处、样板间等工地现场，一般软装陈设进场时，硬装还在施工，甚至现场的绿化及道路都未铺设到位，因此需要提前到现场进行勘查。

进行现场勘查时，主要应注意以下几个方面。

（1）陈设现场情况

勘查现场硬装是否完工。一般软装、硬装交叉施工主要集中在硬装的漆、软包及墙纸等饰面材料，保证现场无大型器具施工，确保在软装产品入场时有安全的储存场所。

（2）确定货品在现场的安全性

货品进入现场时，很多时候都是与硬装同时施工，甲方一般会让软装设计公司将货品先陈放到一处，等硬装统一完工之后再进行一次性摆放，以保证软装货品的安全。陈放软装货品时，最好有单独的房间并配备有专门的门锁钥匙。

（3）货车进场道路规划

在施工现场，道路情况比较复杂，需要提前将道路探查清楚，以确保货车到达现场之后能以最快的速度在最近的地方卸货。这样不仅能确保卸货时间，同时也能降低人工成本。

（4）甲方现场联系人员

尤其是地产公司、办公空间等软装项目，甲方人员比较复杂，所以每一次拜访完毕之后都需要现场找到甲方的相关人员进行交接，以确保货品的安全性。

需要联系的部门人员有：甲方施工人员、甲方现场保全人员及甲方现场物业人员。因为这些部门的人员是直接与现场接触的，所以必须与他们保持良好的沟通，以便工作能更加顺畅。

10.5.2 陈设的顺序及流程

在软装陈设摆场的过程中要注意按正确的流程走，并做好成品的保护，这样才能高效率、高质量地完成项目。软装摆场的一般顺序是：灯具→家具→画品→地毯→饰品→窗帘布艺。

（1）灯具工程

由于安装灯具的时候需要使用电钻在吊顶上打孔，并且灯具安装好之后更方便家具定位，也并不影响后期家具、画品、布艺及装饰品的陈设，因此软装工程开始后的第一个步骤就是安装灯具。安装灯具需要注意的是高度问题，正常情况下灯具的灯底到地面的高度保持在 1900~2100mm，低于 1900mm 就会有撞头的安全隐患。

（2）家具工程

家具工程需要先确保硬装工程的墙面和地面已经完工并且已经做过一次精细保洁，因为家具上面有很多布艺的部分不易清洁。如果在现场没有做过摆场前保洁，注意一定不能撕开家具的保护膜。在家具摆放完成之后必须进行成品保护，即用塑料薄膜将家具全部保护起来，以防止硬装施工队伍再次进行施工而损坏家具。

（3）画品工程

将家具摆放到位之后，就可以定位画品了。因为很多画品是挂在家具上方的，因此一定不能在家具到位之前挂上墙。在画品工程施工前，设计师需要给施工人员确定装饰画的高度与位置。在挂装饰画的时候，特别是成组的装饰画，需要将下面的家具固定好，然后根据家具的形态及墙面的大小来确定装饰画的高度及组合形态。

图 10-31 软装陈设摆场现场

（4）地毯工程

地毯铺设是一个比较简单的工程，但也同样需要确定位置。地毯的位置比较好确认，放在家具下方或设计的指定位置就可以。由于地毯是在地面上铺设的，所以地毯的成品保护工作必须做好，如图 10-31 所示。

（5）饰品摆场

在所有的大型物件到位之后，余下的就是小摆件的摆设。小摆件的摆设是需要有一定经验的，比如应注意饰品的高低错落、前后有序，详见摆场一章。

10.5.3 摆场最后的调整

在将所有的物品都摆放完成之后，需要对整个现场进行一次调整。例如缺少物品时需要增加一些物品，未达到甲方要求时需要调整至甲方要求状态等。一般来说，调整的次数为 1~2 次。

在确定调整的时候，需要将已经摆放好的产品与甲方进行交接，做到对软装产品清楚明了，以便后面的结算工作。

★ 第一种是自行调整，在设计师按照原方案进行摆放之后，根据现场的实际情况对不理想的陈设、摆件、挂画等进行调整，此阶段一般不涉及甲方。

★ 第二种是现场未达到甲方合同要求的调整，此类调整一般是由于现场摆放物品不够丰富，物品档次达不到甲方要求等，需要回到原采购地重新按照甲方要求进行物品的采购。

★ 第三种是甲方要求重新增加产品，此类调整主要是针对客户再次提出增加合同之外的物品，如绿植、花艺或其他物品，需要在结算时另行计费。

摆场最后的调整对于整个现场的效果呈现非常重要。因为在这个过程当中甲方可能会提出很多修改意见，设计师要学会筛选，了解甲方的真正意图，并且随时与设计总监沟通以便修改意见（独立设计师此步可免），这样才能使整个现场呈现出最好的效果。

10.6 交接确认

在交接的过程中，需要设计师非常耐心细致。交接之前要制作"交接表"，再通知甲方交接。工装项目甲方涉及交接的部门可能较多，因此在交接之前需要提前与甲方约定时间，并在交接的过程中将问题或者有疑问的地方备注清楚。

10.6.1 交接单制作

现场布置完成之后，需要根据最后的交接清单进行结算，注意交接清单的确认必须细致。交接清单与报价清单有一定的区别，报价清单是按照软装项目（家具、灯具、窗帘、饰品、地毯和画品等）来列制的，而交接清单是按照行走路线（室内动线）的室内功能分区列制的。在制作清单的时候，一般会在交接清单的最后留出一定的空格备用。

表 10-6 可供参考。

表 10-6 交接清单

序号	位置	品名	照片	数量	单位	备注
1	玄关	花艺		1	组	
2	玄关	吊灯		1	盏	
3	玄关	换鞋凳		1	张	

续表

序号	位置	品名	照片	数量	单位	备注
4	客厅	吊灯		1	盏	
5	客厅	三人沙发		1	个	
6	客厅	茶几饰品		1	组	
7	客厅	画品		1	幅	
甲方签字：				乙方签字：		

10.6.2　各种项目交接的注意事项

根据交接对象的不同，可以将项目分为地产类项目、工程类项目（一般工装项目）和家装类项目。

1　地产类项目

地产类项目涉及较广，交涉部门较多，通常会是几个部门同时进行交接。在交接之前，除了要准备好与交接部门数量相等的交接清单外，还应该提前通知所有部门同时进行交接。地产类项目一般参与交接的有财务部、物业部、营销部、行政部、甲方设计部、总经办等职能部门。

2　一般的工装项目

一般的工装项目交接相对比较简单,交接部门一般是行政部和总经办,交接时同样需要提前准备好交接表单。

3　家装类项目

家装客户在交接的过程当中会比工装客户更仔细，因此一般在与家装客户交接之前，必须先自行检查一遍，包括所有的软装项目及产品，在自己检查无误之后再通知客户进行交接。

不论是什么种类的项目，在交接的时候都需要按照交接表上的空间顺序执行。将同一个空间中所有的软装物品一次性交接完毕，如果有记漏、数量不对的情况，需直接在清单上改正，或者在交接清单后面空白的表格内做增项或减项。

所有物品交接清楚之后，需要甲方在交接清单的每一页上签字。

地产类项目在交接的时候，由于部门比较多，更要遵照交接表单上的顺序交接清楚。因为一些非设计类的职能部门对项目现场并不是很熟悉，每个空间按照顺序交接清楚，能够避免在不同空间来回走动进行交接造成的混乱。另外交接表中的图片一定要是现场已经摆放完毕的图片，这样才更加清楚明了。

11 软装案例分析

通过对软装案例的分析，可以了解软装方案实施后的效果。好的提案不一定会被认可，做出来的实际效果也不一定好；但软装实际效果好的案例，提案一定是被认可的。所以，做好提案非常重要。本章将通过对软装案例的分析，让大家对软装有一个更立体的认知，从而更好地把握提案，理解提案到软装设计作品落地的华丽转身。

11.1 案例1：荷塘月色住宅软装

本案位于昆明市荷塘月色小区，建筑面积156m²，硬装室内设计平面布置图如图11-1所示，硬装设计师为孙冲，软装设计师为陈婧。

图11-1 硬装平面布置图

硬装设计师主要是完成室内空间布局、功能划分及天地墙各界面的设计。本案硬装设计师将基本的格调定为现代简约风格，而软装格调的定位则要遵从硬装。

软装的主色调选择浅色系，与硬装完全契合，打造出洁静素雅的家居空间。图11-2所示为餐厅软装后的效果。整个空间为乳白色，为了避免氛围过于单调，餐桌选用深色与白色的搭配，使空间在光线的作用下呈现出黑白灰的层次变化，简约而又时尚。

图11-2 软装设计师陈婧作品

图 11-3 所示为本案的客厅空间。客厅中充满时尚元素，如不锈钢布艺单人沙发、马头灯、无框装饰画、方形茶几和真皮拼花地毯等。这种素雅时尚的室内空间氛围是职场新贵的"宠儿"。

每个人都向往自然，但要想打造自然的室内空间并不一定都需要用原木、青石。本案通过体量略大的盆栽、茶几上的插花和电视柜上或抽象或具象的小鸟摆件，共同营造出自然的氛围，如图 11-4 所示。

图 11-3 软装设计师陈婧作品

图 11-4 软装设计师陈婧作品

11.2　案例 2：世博生态城住宅软装

如果说硬装是房间的肌体，那么软装就是房间的灵魂，不同的肌体有不同的灵魂。每个室内空间的装饰都有自己的风格，而装修和装饰要达到完美和谐的统一，要因人而异、因人制宜。下面通过对软装设计师陈婧的一套软装作品的分析来带大家体会硬装与软装、肌体与灵魂的碰撞。

本案位于云南昆明世博生态城，是一个面积为 80m² 现代风格的三居。

图 11-5 所示为本案软装之前的效果。本案在软装设计师介入之前主要的软装产品已经进场，作为软装设计师当然希望所有的软装产品都由自己把握，而本案软装设计师能操作的基本上只有小饰品的摆放及现有软装元素的局部调整。

人们常说"细节决定成败"，在软装设计中同样如此。软装前整个空间显得有些冷，而造成冷的原因是缺乏生活气息。人在空间中的起居会留下痕迹，将这些痕迹归纳整理使之符合一定的美学法则，此时人在空间中的体验就是我们要寻找的室内空间氛围。软装是人与空间互动的结果，脱离人的生活去思考软装是没有意义的，软装的"灵魂"实际上就是融入人的生活细节。

图 11-5 软装设计师陈婧作品

图 11-6 和图 11-7 所示为软装微调之后的效果。此时可以看到，整个空间充满了生活气息。一本阅读完的图书、打开的手提电脑、几本时尚杂志、满载回忆的照片、洁白的蜡烛组合和可爱的小收藏品，正是这些看起来普通得不能再普通的生活、学习用品使空间变得有家的味道。

为了打造现代风格，原硬装设计师使用了镜面玻璃与不锈钢元素，同时也选用了玻璃材质的茶几。这些元素虽然能为空间增加现代感，但同时也会让空间变得生硬。软装铺设的多毛地毯成功地使有些"尖锐感"的元素融化在了强大的"温柔"中。

图 11-6 软装设计师陈婧作品　　　　　　　　　　　　　　图 11-7 软装设计师陈婧作品

图 11-8 所示的客厅中，置于沙发与墙之间的一把电吉他，水平排列在玻璃茶几下层的 CD，使得居室主人在音乐方面的素养不言自明。CD 封面丰富的色彩与音乐的律动相得益彰，达成了内在的统一，空间与时间（音乐为时间艺术）的美学互动，使整个室内空间的"灵魂"得到升华。

图 11-8 软装设计师陈婧作品

图 11-9 所示为餐台兼吧台空间软装前后的对比。软装前，餐台吧台显得有些凌乱，设计师将餐盘、刀叉、冰镇红酒和咖啡杯有序地摆放之后，空间呈现出一种秩序之美。

图 11-9 软装设计师陈婧作品

图 11-10 所示为卧室软装前后的对比。在进行软装设计时，设计师选用有着深色灯罩的台灯，采用简单的手法，用富于节奏的单一色彩变化，使卧室变得宁静又不失空间节奏之美。

图 11-10 软装设计师陈婧作品

11.3 案例 3：银海畅园樱花语样板房

本案为房地产样板间，项目位于云南昆明市，面积为 82m²，硬装设计师为窦弋，软装设计师为陈婧。

设计师将作品命名为碟变，设计师用独特的视角，挖掘出城市居家生活的审美需求与价值。

图 11-11 所示为软装前的客厅效果，虽然主体家具已经进场，但各个家具之间缺乏联系，且大面积的石材沙发背景墙略显单调。

图 11-11 软装前的效果

图 11-12 所示为软装后的客厅效果。为墙面装饰飞舞的蝴蝶，使空间显得灵动而浪漫；蝴蝶的金属材质，与装饰吊顶及茶几之间相呼应。在沙发上放置抱枕，使墙面与地面之间有了衔接与过渡。抱枕选用了 3~4 种材质，不同的材质与室内空间中不同的软装元素相呼应，丰富了室内空间。毛料抱枕与地毯，银色抱枕与室内的金属材质，浅色抱枕与沙发的皮革面料，这些呼应都是促使室内空间变得和谐的重要因素。

图 11-12 软装后的效果

玄关处在鞋柜与上方储存柜之间，用反光灯带柔化空间，再放置玻璃绿植以及灰色和白色两个收纳盒，使室内空间看上去干净整洁，如图 11-13 所示。

图 11-13 软装设计师陈婧作品

在图 11-14 所示的餐厅中，几何型家具和新古典餐椅与艺术感十足的吊灯之间十分和谐，银烛台与不锈钢红酒杯仿佛是沙发背景墙面上金属蝴蝶的延伸与变异，整个空间现代感十足。

图 11-14 软装设计师陈婧作品

厨房卫生间的陈设相对比较简单，但需要更精准，切记不可堆砌。在厨卫空间摆放一盆绿植能使环境变得生机盎然，如图 11-15 所示。

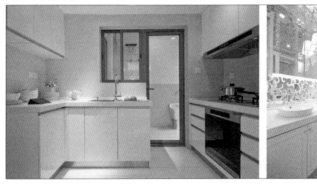

图 11-15 软装设计师陈婧作品

　　图 11-16 所示为软装摆场前后的对比。注意观察整个空间中黑白灰 3 个层次的分布。其中深（黑）色以线条的形式体现，如化妆凳的主轮廓、床头柜的抽屉、床头壁灯灯罩的骨架，共同构成了空间的深色线型构架。床头柜上方的灰镜使空间沉稳中透着多变。有了黑灰两色的衬托，以床为核心的白色主调自然成为整个空间的焦点。

　　床头背景墙的软包与床尾的皮草使卧室氛围显得异常柔和且温馨。

图 11-16 硬装设计：窦弋；软装设计：陈婧

　　不锈钢器皿与皮草搭配是高贵的象征，而蜡烛与红酒杯又为空间增添了几分温馨，那一两枝百合则让空间更多了一丝生机，如图 11-17 所示。

图 11-17 软装设计师陈婧作品

11.4　案例 4：云安阳光城样板房

　　本案为地产样板间，项目位于云南昆明市，交通便利，名校云集。作为样板房项目，首先要考虑的当然是如何吸引客户的眼球，即软装设计师需要考虑怎样配合其他室内设计师在后期软装中使室内空间达到或超越预期效果。软装设计师在解决形式美的基础上加入了一些隐性思考，即如何通过形式美引导人们去领悟室内空间的灵魂。

　　本案所有家具、配饰的色彩都以黑白相间为主，灯具选用水晶材质，既凸显了现代风格，又有阴阳（黑白）的隐喻，打造出一个充满现代生活气息的、干净清澈的室内空间。

图 11-18 所示为客厅软装后的效果，黑白相间的色彩与水晶元素在室内空间中被反复应用。吊灯、台灯、抱枕和茶几上的水晶元素交相辉映，装饰画、沙发、单椅、餐凳和地毯的颜色也在互相呼应，使整个空间显得统一和谐。

图 11-18 软装设计师陈婧作品

图 11-19 所示的金属马摆件与地毯的黑白斑马纹之间也有着某种内在的联系。

图 11-19 软装设计师陈婧作品

图 11-20 所示的餐桌与餐具都是设计师精心挑选和用心摆设的，餐桌的描银装饰与餐桌上的镶银器皿、镶金咖啡杯和水晶红酒杯使水晶元素在空间中得到了由宏观到微观的延伸。墙面上水晶镶嵌的曲线与直线宛如流动的音符，让人体验到一种律动美。

图 11-20 软装设计师陈婧作品

花与叶、黑与白在卧室和书房空间中得到延展，如图 11-21 所示。

图 11-21 软装设计师陈婧作品

11.5　案例 5：云大晟苑住宅软装

本案为法式风格室内设计，设计师力图为业主打造一个宁静祥和的家，家具及其他配饰都以白色系列为主，地毯选用暖灰色，木地板、地毯和家具配饰形成明确而柔和的层次关系，如图 11-22 所示。

图 11-22 软装设计师陈婧作品

本案没有像众多的样板房一样堆砌大量的摆件，仅用了一本杂志、一株吊兰、一个透明玻璃花器和几枝百合花，这一切都与宁静主题如此契合，如图 11-23 所示。

图 11-23 软装设计师陈婧作品

11.6　案例 6：大理河畔阳光样板房软装

本案为大理河畔阳光 D1 户型样板房，面积为 101.9m²。

项目硬装风格为简欧，图 11-24 所示为软装设计方案节选。

图 11-24 软装设计师陈婧作品

设计师将本案命名为《多瑙河的阳光》，在色彩定位上以蓝色和白色为主，而蓝色和白色在人们的心目中是纯洁的色彩。本案位于云南大理，苍山洱海的蓝天、白云、清澈的水和透明的空气，似乎都被融入了设计中，将简欧风格设计理念巧妙地与当地的人文地理结合起来，如图 11-25 所示。

图 11-25 软装设计师陈婧作品

本案选用定制的欧式家具，实木表面为白色烤漆，沙发坐垫与靠背为华贵的皮革材质，白色与蓝色的搭配既给人带来强烈的视觉冲击力，又使空间显得异常干净。

设计师没有把蓝色集中于一处，而是分布在装饰画、单人沙发、抱枕、地毯、相框、花艺和窗帘等元素中，让空间显现出一种绵延感与节奏美，如图 11-26 所示。

图 11-26 软装设计师陈婧作品

　　本案选用了一张比较有视觉"张力"的地毯，蓝底配以旋转的白色，与放置其上的家具融合在一起，仿佛涌动的云彩，如图 11-27 所示。

图 11-27 软装设计师陈婧作品

　　书房与客厅连通，显得开阔而大气。图 11-28 所示小面积的深色墙纸与大面积的白色家具形成鲜明的对比，白色烤漆的欧式家具干净利落，书架上蓝色与白色的收纳盒与书籍也散发出简欧风格特有的气质。

图 11-28 软装设计师陈婧作品

　　书桌上一盏灯座半透明的台灯是书房空间的点睛之笔，如图 11-29 所示。

图 11-29 软装设计师陈婧作品

因空间尺度较小，卧室只设计了一个床头柜。小空间更需要简洁精致，床品亦是由设计师精心挑选和布置的，如图 11-30 所示。

图 11-30 软装设计师陈婧作品

11.7　案例 7：万物家具卖场软装

本案位于重庆第六空间的万物家具卖场。走进万物会让人忘记自己是在家具卖场，仿佛置身于充满禅意的家居空间，一切都安排得恰到好处。

万物是中式原创家具，既有秦汉家具的稳重，又有明式家具的线条感；既充满安静的禅意，又糅合了现代时尚元素，古朴而不老旧，时尚却不浮夸。

空间中家具的黑色元素主要以线条的形式呈现，落地灯、沙发、茶几与立面都有黑线条元素。黑色抱枕上的花鸟图案与茶几上的花艺、案上花器中的几枝蜡梅、扇形插屏及装饰画，共同构成一幅花与鸟的画卷。画面中黑与白的交替，使素雅的色彩中出现层次的变化。茶几左边的白色茶具与黑色案台右边的白色装饰画使整个空间达到视觉上的平衡，处于装饰画与茶几上茶具之间的黑色抱枕起到了很好的平衡作用，如图 11-31 所示。

图 11-31 软装设计师陈婧作品

平衡是案台陈设需注意的要点，绿色玻璃花器中插入的茂盛枝叶为视觉焦点，左右一高一低的茶具起到了很好的平衡作用，如图11-32所示。

图 11-32 软装设计师陈婧作品

图 11-33 所示的空间中没有多余的色彩，但在明暗、层次之间用心进行了处理。深色的椅子配上浅色的棉麻坐垫，深色的茶台配上浅色的桌旗，其中桌旗又分深浅两个层次；桌旗上的铁壶、收纳篮、花艺和茶杯一字排开，高低有错落，松紧有变化，加之每一件单品都是精心挑选，使整个空间显得非常精致。

图 11-33 软装设计师陈婧作品

中式花艺不求饱满，但讲求意境与韵味。图11-34 所示书桌上的盆栽，其叶茎向内生长，与另一端的笔架形成无声的呼应。

对称是中式陈设常用的手法。图 11-35 所示的空间在大件家具对称的前提下，对摆件等小件元素作了局部的调整，使空间在对称的同时不至于太过刻板。

图 11-34 软装设计师陈婧作品

图 11-35 软装设计师陈婧作品